Jürgen Huhn

Dachse

Österreichischer Jagd- und Fischerei-Verlag

Jürgen Huhn

Dachse

auf nächtlichen Pfaden

Eine Art Tagebuch

Österreichischer Jagd- und Fischerei-Verlag

*Jürgen Huhn, Jahrgang 1934,
von Beruf Klima- und Umwelttechniker,
faszinierten von früher Jugend an Tiere,
allen voran der Dachs.
Er lebt in einem Forsthaus im Westerwald,
wo er auch verwaiste Dachse aufzog und auswilderte.
Er ist im Natur- und Umweltschutz sowie in
wildbiologischen Arbeitskreisen tätig.*

Fotos: Jaroslav Vogeltanz (Seiten 2, 10, 24, 42, 76, 88, 102, 112, 128, 138);
alle anderen Bilder wurden vom Autor zur Verfügung gestellt.

Gesamtgestaltung: Sandra Bichler
Verlagsassistenz und Sekretariat: Angela Pleyel
Background vocals: Michael Sternath

Bildbearbeitung: Reprozwölf, Wien
Gesamtherstellung: Druckerei Berger, Horn

ISBN 978-3-85208-149-6

Inhalt

Erstes Kapitel

Wo alles geschah …

Fern aller Unruhe und Hektik liegt ein kleines, fast einsames Stück romantische Natur, welches sich da und dort auch noch Wildnis nennen darf. In alten Forstunterlagen wird dieses Gebiet als „Jagdrevier Hofjagen“ bezeichnet. Wie es zu diesem Namen kam, ist nicht belegt. Auch die älteren Bewohner des kleinen Dorfes, übrigens die einzige menschliche Siedlung in seiner Nähe, können dazu keine Auskunft geben. Dass gräfliche Besitzungen bei der Namensgebung Pate gestanden haben, kann ausgeschlossen werden, da weit und breit derartige Ländereien nicht vorhanden sind.

Wie es auch sei, die folgende Geschichte bleibt bei der alten Namensgebung „Hofjagen“. Auch die überlieferten Bezeichnungen der einzelnen Revierteile wurden beibehalten, da sie auch heute noch den meisten Dorfbewohnern bekannt sind. Auf menschliche Anwesenheit in diesem Revier deutet nur der „Alte Forsthof“ hin. Ganz verschwiegen liegt er eingebettet zwischen Wald und Wiesen, und selbst vom nahen Forstweg, seiner einzigen Verbindung zur übrigen Welt, ist er fast unsichtbar. Weite bergige Laub- und Nadelwälder wechseln mit saftigen Talwiesen, dichten Hecken und landwirtschaftlich genutzten Flächen ab. Und neben dem sich durch die Wälder windenden großen Waldbach beleben viele kleine sprudelnde Rinnsale diese herrliche Abgeschiedenheit. Ein idyllisches, aber auch ideales Stück Natur, dieses „Hofjagen“, für unsere wundervolle Aufgabe, über mehrere Jahre kleinen Dachswaisen bei ihrer weiteren Entwicklung zu helfen und sie langsam auf ihr zukünftiges Leben in freier Wildbahn vorzubereiten.

Schon als Nestlinge verloren viele ihre Mutter durch den Straßenverkehr, durch die unheilvolle Baujagd bestimmter Jägerkreise und nicht zuletzt auch durch Naturkatastrophen. So fanden manche dieser kleinen Geschöpfe im Forsthof ein neues Zuhause und liebevolle, erfahrene Betreuung, auch wenn eine Dächsin niemals vollwertig zu ersetzen ist. Das Hausleben der kleinen Grimbärte, wie etwa Ernährung, Körperpflege usw., lag alleinverantwortlich in den Händen der Hausfrau. Erst mit zunehmendem Alter der Pfleglinge und ihrem unbändigen Bewegungsdrang wurde eine zweite Aufsichtsperson, die Tochter, nötig. Denn neben dem Haus bekamen die Dachse jetzt auch die Erlaubnis, sich am Tag frei im Hof und Garten zu bewegen. Eine schier unmögliche Aufgabe für eine Person, bei einem Grundstück von etwa 3.000 Quadratmetern über den Verbleib der Jungdachse und ihre nicht immer sinnvollen Tätigkeiten informiert zu bleiben. Den dritten und interessantesten Schritt, die Dachse nun

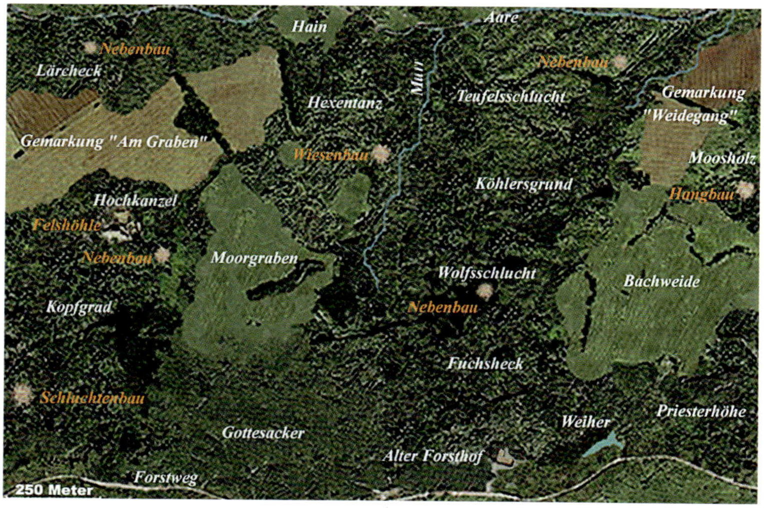

Revier „Hofjagen“ – mit den überlieferten Ortsbezeichnungen.

mit ihrem natürlichen, nächtlichen Lebensraum vertraut zu machen, übernahm dann der Hausherr. In unendlich vielen Nachtstunden zog ich mit ihnen durchs Revier Hofjagen und lernte dabei auch manches noch Unbekannte aus ihrer nächtlichen Lebensweise kennen. Nachdem sich die Dachse selbstständig im Revier eingelebt hatten, verließen sie den Forsthof, zogen vorübergehend auch in eine Felshöhle, später in einen alten, unbewohnten Erdbau, waren aber den Pflegeeltern noch immer vertrauensvoll verbunden. Einer unserer allerersten Zöglinge verließ das Revier bereits im ersten Jahr. Alle anderen, die im Forsthof aufwuchsen, blieben ihm über zwei Jahre treu, bevor sie in fremde Reviere abwanderten. In diesem Zusammenhang muss auch unser Freund Claus erwähnt werden. Er ist Jagdpächter des genannten Revieres und ließ uns für die unendlich vielen nächtlichen Stunden im Hofjagen, mit den nötigen Absprachen, völlig freie Hand. Zwei unserer kleinen Zöglinge blieben über drei Jahre lang frei lebend im Hofjagen – und eine Zeitlang auch noch mit der menschlichen Kinderstube verbunden. Zu ihnen bestand ein besonders vertrauensvolles Verhältnis. Viel Erheiterndes, aber auch Verdrießliches bescherten uns diese beiden Dachse, wie noch keiner unserer vorherigen Pfleglinge. Später, frei in der Wildbahn lebend, offenbarten sie uns aber viel Interessantes, von ihrer nächtlichen Lebensweise. So wurde ihre Aufzucht auch zu einer Bereicherung unseres Wissens über die noch immer recht geheimnisvolle nächtliche Lebensweise unserer größten einheimischen Marderart.

Zweites Kapitel

Ein Donauopfer kommt in den Forsthof

Europaweit wurde das Schicksal des kleinen Dachses über die Medien verbreitet und gelangte so von Österreich nach Deutschland in das abgelegene Forsthaus im Revier Hofjagen. Nach der großen Donauüberschwemmung im März hatten herumstreifende Kinder in den frühen Morgenstunden zufällig ein kleines, dünn-behaartes Wesen im feuchten Laub liegend entdeckt. Steif und kalt hielten sie es in den Händen. Augen und Ohren waren noch geschlossen, aber es schien zu leben. Auf schnellstem Weg brachten sie es zu einem hilfsbereiten Tierarzt. Über viele Tage hat er alles unternommen, das Leben des noch blinden Dachswelpen zu erhalten. Mit Erfolg. Nachdem der kleine Findling sich erholt hatte und weiter gut heranwuchs, suchte man eine erfahrene Pflegestelle in geeigneter Umgebung für seine weitere Entwicklung. So kam das Waisenkind, ein Weibchen, schließlich am zweiten April ins Forsthaus und erhielt den Namen Diggi (in Anlehnung an „digging" – das Graben). Ganz sicher hatte die Dächsin in großer Not damals versucht, ihre Welpen so schnell wie nur möglich aus dem vom Hochwasser bedrohten Mutterbau in einen anderen, noch sicheren Bau zu tragen. Wohl in der Eile aber verlor sie die Welpen und fand sie aufgrund des steigenden Hochwassers nicht mehr. Ein trauriges Kapitel, denkt man dabei noch an mögliche Geschwister, die sie nicht mehr retten konnte. Diggi aber hat nun liebevolle, erfahrene Pflegeeltern in einer einsamen Landschaft.

Als wir den Transportkorb öffnen, sind wir überrascht. Statt eines äußerlich noch pflegebedürftigen Welpen liegt da ein pummeliges Dachsmädchen im schon sauber gewachsenen Haarkleid und mit recht kräftigen Pfötchen. Die Waage zeigt ein stolzes Gewicht von 1.700 Gramm an. Wie wir vom Tierarzt erfahren haben, hat sich wenige Tage zuvor auch ihr zweites Auge ganz geöffnet, sie dürfte also etwa fünf Wochen alt sein.

Ein ausführlicher Bericht des Tierarztes informiert uns auch über medizinische Behandlung, Fütterung und allgemeine Entwicklung. Im Besonderen erwähnt er auch die vitaminreiche Spezialmilch, mit der der völlig entkräftete Welpe von Anfang an gefüttert wurde. Damit ist sein gesundes, mopsiges Äußeres erklärt. So sieht aber auch ein Welpe aus, der von der Dächsin ausreichend und regelmäßig mit Muttermilch versorgt wird.

Die Spezialmilch wird sofort besorgt, und noch in der gleichen Stunde bekommt Diggi im neuen Heim ihr erstes 100 Milliliter-Fläschchen, das sie in wenigen Minuten geleert hat. Kein Wunder, ist diese Art des Trinkens ihr ja bereits zur Gewohnheit geworden. Dennoch geht es ihr nicht schnell genug. Durch Drücken mit den Vorderpfoten auf die Flasche versucht Diggi den Milchfluss zu erhöhen. Der sogenannte Milchtritt gegen die Zitzen des Muttertieres ist ein angeborenes bzw. vererbtes Verhalten. Dass hier ein anderer „Spender" am Werk ist, spürt sie natürlich nicht, Hauptsache die Milch fließt.

Alle drei Stunden ist abwechselnd jeder der Familie nun für das Wohlbefinden des kleinen Dachses verantwortlich. Nach einer Woche wird, mit Rücksicht auf Diggis Figur, aber die Milch mit Schmelzflocken und etwas Wasser verdünnt. Nach der Mahlzeit gibt es eine leichte Massage des Bäuchleins mit einem feuchtwarmen Schwamm. Es soll, so die einschlägige Literatur, unterstützend auf die Verdauung bei Welpen wirken. Wie wahr, denn noch während des Massierens tritt bei ihr meist ein kleines, helles Würstchen aus. So bleibt ihr Schlafkorb in der Küche, der dick mit weichem Heu ausgepolstert ist, weitgehend sauber. Nicht immer ist Diggi danach gleich müde. Dann darf sie für kurze Zeit, der Geselligkeit wegen, zu Stupsi, dem Meerschweinchen. Eine Freundschaft hat sich daraus aber nicht entwickelt. Das liegt wohl am manchmal drohenden Zähnerasseln des Meerschweinchens. Ein zweites Körbchen für den Dachs steht unter dem Schreibtisch in meinem Arbeitszimmer. Habe ich länger dort zu tun, darf sie mit, und ich stelle meine „artgerechten" Hausschuhe zu ihr hinein: vier schwarz-weiße Pantoffel mit einer nachgebildeten Dachsmaske. Warm und weich eingepackt scheint sie sich

Prost!
Der kleine Grimbart wird mit einer Spezialmilch ernährt, ...

... und nach der Mahlzeit folgt eine leichte Massage des Bäuchleins mit einem feuchtwarmen Schwamm.

zwischen ihren lautlosen „Artgenossen“ recht wohlzufühlen und schläft die meiste Zeit. Einen artgerechten Geruch strahlen die vier Genossen ja nicht gerade aus *(siehe nächste Seite)*.

Vielleicht aber sind ihre auffallend schwarz-weißen Kopfmasken schon ein vertrauter Anblick für sie? Man vermutet, dass die Gesichtsmaske, soweit im Dunklen noch sichtbar, der Erkennung, vielleicht auch zur Drohung zwischen Artgenossen dienen könnte. Da sich Diggi zu Beginn unseres „Testes“ mehrmals auf ihren Artgenossen hin und her bewegte und dabei ständig ihre Köpfe auf Geruch hin untersuchte, gehen wir davon aus, dass auch für sie diese Kopfmaske vielleicht schon ein Erkennungsmerkmal ist.

Eines Tages großer Schreck. Wir stellen fest, dass die grauen, langen Deckhaare am Körper langsam auszufallen beginnen. Auch Durchfall bekommt sie. Die Ursache ist schnell gefunden. – Es hängt mit der Ernährung zusammen, die wir dann entsprechend neu zusammenstellen. Schon nach zwei Wochen zeigen sich wieder die ersten langen Deckhaare. Das helle, weiche, dichte Unterkleid blieb aber davon verschont. Es ist der eigentliche wärmende Schutz, der aber erst Tage nach der Geburt langsam heranwächst.

Der Dachs fühlte sich zwischen den schwarz-weißen Hausschuhen mit Dachsmaske sichtlich wohl.

Durch falsche Ernährung fielen dem kleinen Dachs irgendwann die Deckhaare aus. Nach einer Umstellung zeigten sich aber schon nach zwei Wochen wieder die ersten langen Deckhaare.

Schlafe ich im Arbeitszimmer, steht ihr Korb neben dem Bett. Bis auf ihre nächtlichen Fläschchen, auf die sie uns bald mit energischem Keckern selbst aufmerksam macht, schläft sie die ganze Nacht durch. Selten wird sie unruhig, aber wenn, dann brauche ich nur die Hand auf sie zu legen, und gleich kehrt wieder Ruhe ein. Zwar ist sie völlig frei von den sonst üblichen kleinen Plagegeistern im Fell, doch darf sie der kleinen und größeren Geschäfte wegen noch nicht zu mir unter die Decke, was sie aber immer wieder versucht. Zwei Wochen bleiben mir noch für ungestörte geistige Arbeit am Schreibtisch, mit der im Korb schlafenden Diggi. Dann wird sie selbst der ruhigen Welpenzeit überdrüssig. Langeweile machte sich bemerkbar. Nach vielen Versuchen gelingt es ihr, sich mit den schon recht langen Vorderkrallen über den Korbrand hinauszuziehen. Ein leichter Plumps aus 30 Zentimetern Höhe, und der Fußboden ist erreicht. Langsam schwankend, trotz kräftiger kurzer Beinchen, macht sie die ersten längeren Gehversuche. Noch ist nichts zu befürchten, keine Unordnung, keine Schäden, hat sie doch mit dem Gleichgewichthalten genug zu tun. Ab und zu verliert sie zwar eine Kleinigkeit, aber ohne groß Spuren zu hinterlassen; doch gehört auch das bald der Vergangenheit an. Auf die sprichwörtlich angeborene Sauberkeit ihrer Sippe brauchen wir auch bei Diggi nicht lange zu warten. Schon eine Woche nach ihren ersten Zimmerausflügen betritt sie das in der Ecke aufgestellte Katzenklo. Schnüffelnd im Sand, versucht sie ein Loch zu graben, das aber durch ständiges Nachrutschen des Sandes immer wieder misslingt. So gibt sie sich irgendwann auch mit einer flachen Mulde zufrieden. Nach mehreren Versuchen, ihr Hinterteil möglichst genau über diese Vertiefung zu halten, hinterlässt sie darin ihr erstes kleines Geschäft, von dem sie daraufhin noch eine prüfende Geruchsprobe nimmt, aus welchem Grund auch immer. Damit hat sie sich endgültig das Zertifikat „stubenrein" regelrecht erarbeitet. Selbst nachts, wenn dringend, sucht sie nun alleine den Gang zur Toilette und legt sich anschließend wieder ins Körbchen. Damit ist der Zeitpunkt gekommen, dass sie bei mir schlafen darf, um ihr die immer wieder gesuchte Körpernähe zu bieten. Oft liegt sie schon auf dem Bett, wenn ich noch am Schreibtisch sitze. Ist auch meine Zeit gekommen, legt sie sich fest um meinen Nacken und ist bald eingeschlafen. Die Deutsch-Drahthaar-Hündin Quinze, die den kleinen Neubewohner von Anfang an wohlwollend behandelt, hält sich, seit Diggi im Haus ist, möglichst immer in ihrer Nähe auf – auch hier im Arbeitszimmer. Aufmerksam beobachtet sie es, wenn ich mich zu Diggi lege, um gleich darauf demonstrativ eine Vorderpfote auf die Bettkante zu setzen. Mir bleibt dann keine Wahl, um nicht Eifersucht aufkommen zu lassen, und ich biete ihr, soweit bei der schmalen Liege möglich, die letzte noch freie Fläche an. Es bedarf oft einiger Zeit, bis wir uns auf den jeweiligen Mindestplatzbedarf geeinigt haben, während der Dachs bereits schläft. Ist es endlich geschafft, komme ich gerade noch an den Lichtschalter. Oben auf dem Kopfkissen Diggi, zwischen meinen Beinen Quinze und ich in der Mitte. Eine nicht immer bequeme Nacht.

Anfang Mai ist die Familie auf Reisen, um, wie sie sagt, einmal auszuspannen und das einsame Forsthausleben mit etwas mehr Kultur zu tauschen. Selbst für diese nur wenigen Tage hängt am Kühlschrank ein Zettel, auf dem alles vermerkt ist, was für mein und aller Forsthoftiere Wohl zu beachten ist. Ein besonderer Vermerk gilt natürlich Diggi. Dort steht: „Sie bekommt jetzt zwischen den Fläschchen zusätzlich eine kleine Portion Schmelzflocken, gemischt mit Hackfleisch, und darüber ein bisschen Bienenhonig, und gib acht auf unseren kleinen Grimbart!" Mir bleibt auch nichts anderes übrig, denn Diggi wird zusehends mobiler und ist, bis auf ihre immer kürzer werdenden Schlafpausen, den ganzen Tag in dem nicht gerade kleinen Haus unterwegs. Noch ist es nur Neugier, die sie durch Räume und Flure flitzen lässt. Im Arbeitszimmer aber hat sie schon mehrmals probiert, aus der untersten Bücherreihe vom Regal einiges herauszuziehen. Schwierig, da die Bücher fest aneinanderstehen. Ich beobachtete sie schon mehrmals dabei. Und siehe da, irgendwann hat sie den Dreh heraus. Sie schiebt eine Vorderpfote oben auf das Buch und zieht es mit den Grabkrallen am Rücken heraus, ganz so, wie auch wir ein Buch entnehmen würden. Zwei weitere Versuche erfolgen aber auf weniger schonende Art, sodass ich den Buchentnahmetest abbreche.

Gut aufgehoben ist Diggi auch im Wohnzimmer bei Quinze. Zwischen beiden hat sich eine sehr harmonische Beziehung entwickelt. Sie sucht immer ihre Nähe und schläft auch oft mit ihr in ihrem Rondell. Quinze ist das fast perfekte „Muttertier" für unseren kleinen Dachs. So kann ich, nun Strohwitwer, in Ruhe den beauftragten Hausarbeiten in der Küche nachgehen. Doch Diggi wäre kein echter Dachs, wenn nicht Neugier und Entdeckerdrang manchmal wichtiger wären als die Nähe zur Hündin. Manches Reizvolle im Wohnzimmer lädt dazu regelrecht ein, ganz anders als im sterilen Arbeitszimmer. Mit großer Leidenschaft hat sie den dicken Berberteppich bereits um einige Dutzend Wollfäden erleichtert. Vielleicht übt sie ja damit schon für die spätere Regenwurmjagd. Denn genau so sieht es aus, wenn sie Faden für Faden langsam aus dem Teppich nach oben zieht.

Ein Herz und eine Seele: die Deutsch-Drahthaar-Hündin Quinze und der Dachs Diggi.

Dann begeistert sie auch die lange, bis zum Boden reichende Gardine. Der locker hängende, leichte, dicke Stoff ist immer Grund, an ihm heftig zu schütteln und zu schaukeln, bis eines Tages die Ziereisenstange unter der Decke seitlich aus der Halterung rutschte und mit Getöse nach unten fiel. Fast hätte sie den kleinen Grimbart auch noch getroffen. Für Quinze aber kein Grund, bei diesen Unarten einzugreifen, auch wenn ich sie in solchen Situationen gern als zupackendes Kindermädchen sehen würde. Selbst wenn Diggi das Wohnzimmer einmal verlässt und sich irgendwo im Haus herumtreibt, bringt sie sie nicht, sondern zeigt uns nur, wo wir suchen müssen. Dabei ist Quinze im Revier überaus apportierfreudig. Nun ja, ein Dachs ist weder Ente noch Hase.

Eben war sie noch an der Gardine gewesen, als ich, aus der Küche kommend, kurz prüfend einen Blick ins Wohnzimmer geworfen habe. Da ertönt plötzlich ein mehrfaches schrilles Keckern von ihr – die eiserne Gardinenstange! Das Brot bleibt ungeschmiert, ich stürze ins Zimmer. Nein, die Gardine hängt noch – und Diggi? Schnell wandert mein Blick durch den Raum, da wieder ihr Keckern. Weit hinten, halb unter dem Eichenschrank, auf dem Rücken liegend, welch ein Schreck! Schnell bin ich bei ihr, aber, wie sich zeigt, nichts Tragisches, nur festgeklemmt. Einen Moment muss Diggi aber auf ihre Befreiung noch warten, denn das muss mit einem Bild festgehalten werden. In dieser Lage zeigt sie, wo genau die schlitzförmige Duftdrüse der Dachse sitzt, das überaus wichtige Organ zur späteren Kommunikation der Artgenossen untereinander. Dazu ist Diggi natürlich noch zu jung, außerdem hatte sie auch noch keinen Kontakt zu ihresgleichen. Vorsichtig, den schweren Schrank etwas gekippt und mehrmals sich schüttelnd, verlässt sie hurtig den beengten Ort, der sie in solch akustische Panik versetzt hatte. Dem höhlenartigen Dunkel galt ihre natürliche Neugier. Normal kriechend darunterzukommen, war nicht möglich, also auf den Rücken gelegt und sich mit den Krallen an der Holzinnenseite weiter daruntergezogen, bis sie festhing. Nach dieser Aufregung hat sie sich sofort wieder zu Quinze gesellt, die das alles aber wenig interessiert, zu oft hat sie ja sie, aus welchen Gründen auch immer, bereits keckern gehört.

Der kleine Dachs in einer beengten Lage, eingezwickt unter einem Schrank. Hier sieht man, wo die schlitzförmige Duftdrüse der Dachse sitzt, das überaus wichtige Organ zur späteren Kommunikation der Artgenossen untereinander.

Nachmittags nehme ich sie mit hinaus in den Garten. Keineswegs zu früh für ihr Alter, denn auch draußen an den Wilddachsbauten lässt sich der eine oder andere frühreife Welpe schon sehen. Diggi versucht Quinze zu folgen, doch die ist schon weit im Grundstück unterwegs. Ihr fehlen eben in den Tagen meiner „Welpenaufsicht" die weiten Streifzüge mit mir durchs Revier. Diggi ist recht schnell am Graben eines kleinen Loches. Aber ein plötzlich einsetzender, wolkenbruchartiger Regen setzt dem Graben ein Ende, und wir flüchten wieder ins Haus. Schade, ich hätte gern gesehen, ob sie schon etwas Genießbares ans Tageslicht befördert. Erst später wird mir klar, Diggi wollte nicht nach etwas Fressbarem graben, nein, sie wollte ihre erste Kotgrube ausheben. Dachse setzen ihren Kot grundsätzlich in kleine, selbstgegrabene Gruben ab. Auch das wurde Diggi von der Mutter bereits vererbt. Wie dringend es bei ihr schien, zeigen mir ihre weiteren Versuche im Raum. Tropfnass schüttelt sie sich erst, dann läuft sie suchend durch den Raum, mehrmals im Zementboden kratzend, um hier eine solche Kotgrube anzulegen. Unruhig wechselt sie schnell hinüber zum Gartenduschraum. Auch hier die vergeblichen Versuche, ein Loch anzulegen. Vor der Dusche aber bleibt sie stehen, schnüffelnd mit dem Kopf nach oben. Nur einen Moment, dann zieht sie sich mit den langen Grabkrallen über die hohe Einfassung in die Dusche. Prüfend erst die Nase in der Abflussöffnung, dann schnell das Hinterteil punktgenau darüber, und schon fallen zwei kleine Würstchen hinein. Wo nicht gegraben werden kann, wird eben auch eine vorhandene Vertiefung dafür genutzt und hier zufällig auch gleich hygienisch entsorgt. Mit solch kleinen, aber überraschenden Abwechslungen vergehen die Tage ohne Familie recht schnell.

Sie scheint auch sehr erfreut, nun wieder von Frauchen gepflegt und gefüttert zu werden. Gleich nach der ersten Mahlzeit, noch am Arm nuckelnd, schläft Diggi auf dem Schoß meiner Frau ein. Bei mir widersetzt sich Diggi oftmals, wenn ich sie nach der Fütterung noch einmal zu mir nehmen will. Damit sind die normalen Verhältnisse im Forsthaus wiederhergestellt und die Aufsicht von Diggi, wie zuvor, auf drei Personen verteilt. Ab und zu nehme ich Diggi am Tag schon mit hinaus in den Wald, besonders zu den „Jahrhunderteichen" in der Wolfsschlucht. An den vor Jahren dem Orkan zum Opfer gefallenen Baumveteranen mache ich Diggi auf allerlei kleines Getier unter losen Rinden und im morschen Holz aufmerksam, was sie auch lebhaft interessiert. Erste zaghafte Versuche zur Selbstverpflegung, bei welcher, unter natürlichen Verhältnissen, die Dachsmutter behilflich gewesen wäre.

Zufriedenheit pur. Gepflegt und gefüttert schläft Diggi den Schlaf des Gerechten, …

… doch sie konnte auch ganz anders!

In den folgenden Wochen häufen sich im Haus Diggis unternehmerische Tätigkeiten, die nicht mehr so ohne Weiteres toleriert werden können. Angehobene Teppichböden, geöffnete Schranktüren mit Ausräumen, und vieles mehr. Auch hat sie sich eine Unart uns gegenüber angewöhnt, die wohl zur Kategorie „Kampfspiele" gehört. Nicht etwa Aug um Aug, sondern auf recht hinterhältige Art und Weise. Geht man, gleichgültig wer, ahnungslos über Flure, durch Räume oder auf Treppen, fährt sie den Betroffenen plötzlich von hinten, recht kräftig mit den Schneidezähnen zwickend, in die Beine.

Grauchen, unser Mäusefänger, ohnehin wenig begeistert von der Anwesenheit des Dachses, fühlt sich auch nicht mehr sicher, da Diggi, begünstigt durch ihre langen Grabkrallen, recht gut zu klettern beginnt. Die kritischen Töne der Hausfrau häufen sich. Nachts schläft der Dachs weitgehend noch durch, aber nur bei mir oder auch mit Quinze im Rondell, allein im Körbchen schon nicht mehr. Dafür aber legt er am Tag oft längere Ruhepausen ein und sucht dazu geeignete Verstecke, die seinem Naturell entsprechen. Dazu gehört vor allem die Waschmaschine. Meistens offen, bieten wir ihr dieses höhlenähnliche Versteck doch auch regelrecht an. Das Ärgernis nur, Diggi schläft darin oft, wenn die Waschmaschine gerade gebraucht wird. Ein ungeschriebenes Gesetz im Forsthaus lautet aber: „Keiner auch der vierbeinigen höheren Mitbewohner darf weder im Tages- noch im Nachtschlaf, gleichgültig wo, gestört werden." Da Diggi gelegentlich die Waschmaschine auch nach umfangreichen Gartenarbeiten zur Tagesruhe aufsucht, habe ich mich zur nachfolgenden Reinigung verpflichten müssen. Es wird also Zeit, den bereits vorbereiteten Wohnungswechsel für Diggi einzuleiten. Wie auch das Forsthaus sind Gehege und Schlafkammern keine artgerechte Dachsbehausung. Doch Diggi soll sie ja nur vorübergehend bewohnen und später immer die Möglichkeit haben, sie nach eigenem Ermessen zu verlassen. Drei Schlafkammern kann sie nutzen, alle mit weichem Heu dick ausgepolstert. Von jeder einzelnen dieser Kammern kann sie ins Innen- und dann ins Außengehege mit Badetrog und Trinkbehälter. Am späten Abend machen wir uns beide in ihre neue Behausung auf. Fremd ist sie für sie nicht. Oft hat sie schon alles auf eigene Faust durchstreift. Bade- und Trinkwasser ist frisch eingefüllt, das Abendmahl angerichtet, das aber später erst serviert wird. Damit der Umzug aus der Geselligkeit nicht so abrupt in der Einsamkeit endet, bleibe ich noch längere Zeit bei ihr. Ohnehin leben Dachse in ihrem natürlichen Lebensraum untereinander ja auch sehr gesellig. Wir vertreiben uns die Zeit mit Spiel, ein bisschen Kampf, und manchmal sitzt sie auch lange auf meinem Schoß. Bevor ich das Gehege verlasse, werden nochmals alle bereits geschlossenen Türen überprüft. Der gefüllte Fressnapf wird sie für die Einsamkeit vielleicht ein wenig entschädigen, und mit gutem Gewissen begebe ich mich wieder hinüber ins Haus.

Noch vor dem Frühstück am nächsten Morgen gehe ich sofort zum Gehege hinaus. – Ein Albtraum, denn Diggi ist nicht mehr da. Aufgeregt kontrolliere ich die Schlafkammern, die Gehege, prüfe gründlich alle gegrabenen Löcher – nichts, sie bleibt unauffindbar. Da fällt mein Blick zufällig auf den Holzschacht, der das Innen- und das Außengehege verbindet. An seiner Unterseite hängt ein größeres Bodenbrett locker nach unten. Morsch und durchgebrochen, wie sich herausstellt – Diggis Fluchtloch. Bestürzt eile ich mit der Hiobsbotschaft nach oben. Der Frühstückstisch bleibt unberührt, und alle begeben sich in größter Eile hinaus, Quinze ebenso aufgeregt wie wir. Über zwei Stunden kämmen wir Haus, Hof und Garten vergebens durch und finden auch nicht den kleinsten Hinweis auf ihre Anwesenheit.

Gleich nach dem Kaffee gehe ich mit Quinze ins Revier und überprüfe die nächstgelegenen unbewohnten Baue und Notröhren auf Spuren hin. Quinze hilft, indem sie suchend die Nase in die Eingänge hält. Sollte sie Diggis Duft wahrnehmen, wird sie das mit Winseln anzeigen. Bis nach Mittag sind wir unterwegs – aber nichts. Am Abend nochmals die ganze nähere Umgebung des Forsthofes durchsucht. Vergeblich. Noch aber können wir uns nicht damit abfinden, dass sie sich abgesetzt hat, sie ist einfach noch zu jung. Was weiß man schon über das Verhalten eines Wildtieres unter ungewöhnlichen Verhältnissen? Aber in diesem frühen Alter sind Dachse noch sehr unselbstständig. Das allein hält die Hoffnung aufrecht. In der Nacht bleiben alle Außentüren des Hauses sowie der Gehege und Schlafkammern offen. Doch am Morgen nur Enttäuschung. Auch am mit Delikatessen gefüllten Fressnapf keinerlei Spur. Jetzt beginnt unsere Hoffnung langsam zu schwinden, zumal ich mit Quinze am Tag nochmals alle Baue im Hofjagen abgesucht habe. Ist gar etwas passiert? Ein beklemmendes Gefühl, aber die nächste stärker befahrene Landstraße kommt erst nach sieben Kilometern, und so weit läuft kein so junger Dachs. In all der Aufregung habe ich ganz vergessen, unseren Freund Claus davon zu unterrichten. Zufällig kommt er mir zuvor. „Hallo, ihr Forsthäusler, gut, dass ich dich erreiche. Heute früh rief mich Dietrich vom Aussiedlerhof an. Bei morgendlicher Stallarbeit ist bei ihm ein Dachs herumspaziert, ganz gemütlich, gar nicht so scheu."

Aufgeregt unterbreche ich ihn: „War es ein kleiner?"

„Das hat er nicht gesagt, aber auch der Kirchendiener erzählte mir, dass er in der Nacht im Kirchenlicht ein eigenartiges Tier im Pfarrgarten gesehen habe, etwa so groß wie sein Pudel."

„Sag einmal,", so Claus weiter, „ist dir etwa Diggi ausgebüchst?"

Seine Nachricht ist für uns wie ein großer Gewinn, es kann eigentlich nur Diggi sein, und Claus bekommt eine kurze Schilderung über ihren Abgang durch das morsche Brett.

„Du kennst doch den kleinen Notbau am Aussiedlerhof, vielleicht ruht sie sich nach dem Dorfspaziergang dort aus. Wir können ja gleich hinfahren", schlägt Claus vor.

Natürlich bin ich mit Quinze sofort dabei, aber auch dieser Bau hat für die Hundenase nichts zu berichten. Wir verbleiben, uns gegenseitig sofort zu informieren. Danach kontrollieren wir nochmals alle Baue im Hofjagen, ein letzter Versuch. Der Weg über Gehege, Schlafkammern bis hinauf zu mir, alles bleibt offen. Quinze schläft in diesen Nächten unten bei der Tochter. Das Warten auf die Rückkehr von Diggi lässt aber keinen durchgehenden Schlaf mehr zu. Häufige Blicke auf die Uhr und Lauschen auf tapsende Schritte auf der Treppe. Ein Wunschtraum. – Da, leise Geräusche auf den Dielen, fast unhörbar, jetzt neben dem Bett. Noch bin ich halb abwesend und suche mit der Hand nach dem Hund, der nachts oft neben dem Bett steht. Doch ich fühle ihn nicht in gewohnter Höhe, die Hand senkt sich, jetzt aber, doch nicht das gewohnte seidige Rückenfell, sondern ein längeres, viel gröberes Haar. Hellwach taste ich sofort nach dem Lichtschalter. Diggi, wie sie leibt und lebt!

Mit einem Satz bin ich auf, nehme sie auf den Arm und laufe nach unten, um ihre Rückkehr zu melden. Alle sind sie gleich zur Stelle. Jeder begrüßt sie freudig. Auch Quinzes Schwanz wedelt besonders schnell. Zweieinhalb Nächte war sie weg. Das ist in diesem Alter schon erstaunlich. Das Alleinsein in fremder Umgebung zwang sie dann irgendwann zur Rückkehr in die Geborgenheit des Forsthauses, ihre gute Nase half dabei. Wir sind so froh, sie wieder im Hause zu haben. Bei aller Freude aber, den Rest der Nacht muss sie wieder in das jetzt sichere Gehege. Das aber übernimmt nunmehr die Tochter, da nach Diggis „Flucht" die Familie von meiner Zuverlässigkeit wohl nicht mehr so ganz überzeugt ist.

Nach all den Aufregungen beginnt nun endlich wieder die erste geruhsame Nacht, zumindest das, was davon noch übrig ist. Noch bin ich aber am Grübeln, warum Diggi sich so weit und so lang vom Grundstück entfernt hat. Möglich, dass sie später, wenn sie selbstständig in den Nächten unterwegs ist, bald aus dem Hofjagen verschwindet. Sie ganz allein wird das entscheiden, und so ist es auch richtig. Mit diesen Gedanken bin ich dann endlich eingeschlafen.

Diggis überraschender Ausflug hat sie aber nicht verändert. Nach wie vor schenkt sie uns viel unterhaltsame Abwechslung, aber es schiebt sich auch oft die eine und andere Unart dazwischen. Wir können recht gut nachempfinden, wie die allgemeine Bezeichnung „Frechdachs" zustandegekommen ist. In der Nacht muss sie noch in ihre begrenzte Behausung, doch am Tag bleiben Gehege- und Schlafkammertüren weit offen. Das ganze, fast 3.000 Quadratmeter große, nur teilweise eingezäunte Grundstück steht ihr zur freien Verfügung. Bis zum Abend ist sie zugange, abgesehen von kleinen Ruhepausen in den Schlafkammern oder irgendeinem ruhigen Ort im Haus. Hat sie doch einmal die Neugier ein wenig aus dem Grundstück gelockt, genügt ein deutliches, lautes „Diggi", und sie kommt sofort im Galopp zurück. Doch nicht des Gehorsams, sondern nur der kleinen leckeren Belohnung wegen – so erzieht man auch junge Dachse.

Schon früh am Morgen, gerade draußen aus dem Gehege, forscht sie sogleich nach den Hühnern, den Frühaufstehern, wo die sich wohl gerade aufhalten. Wie alle Dachse kann auch Diggi nicht gut sehen, umso besser hört sie aber. Da Hühner auch selten still sind, lokalisiert

Wie alle Dachse kann Diggi zwar nicht gut sehen, aber umso besser hören. – Die Hühner zu finden, ist kein Problem!

sie selbst in der Ferne das Gegacker und fährt dann mit sichtbarer Freude zwischen das nichtsahnende Hühnervolk. Es muss ihr großes Vergnügen bereiten, wenn das Federvieh dann laut schreiend, wie eine Wolke, sich laufend oder fliegend in alle Himmelsrichtungen des Geländes verteilt. Tragische Vorfälle beschert uns Diggi dabei aber nicht. Ungleich ruhiger, anfangs aber auch dramatischer, verläuft ihre Anwesenheit dagegen am Gartentisch.

Als sie den ersten verlockenden Kuchenduft von oben empfing und sie, mit den Krallen in der Tischdecke hängend, alles, aber auch wirklich alles nach unten befördert hat, ist der gedeckte Tisch nun ständig in Gefahr. Auch wenn er nur als Schreibtisch genutzt wird, Diggi kontrolliert ihn. Liegt das Handy erreichbar, bleibt alles andere unberührt. Mehrmals am Tag macht sie sich damit zu schaffen und transportiert es auf schnellstem Wege ins Gehege. Auf unsere Suche danach meldete es sich einige Male auch aus einer der Schlafkammern. Wahrscheinlich regen die Töne sie immer wieder zum Wegtragen an.

Dass auch die mühevolle Arbeit der Hausfrau vom quicklebendigen Dachs nicht verschont bleibt, war vorauszusehen. Einen Meter Bodenfreiheit müssen größere, zum Trocknen auf-

Ob Zeitung oder Telefon – die Neugier des jungen Dachses kannte keine Grenzen …

gehängte, frischgewaschene Wäschestücke haben, um nicht als beliebte Schaukel und verschmutzt wieder in der Waschmaschine zu landen. Oft komme ich am Vormittag mit Quinze von weiter Tour durchs Hofjagen wieder zurück. Kaum im Grundstück, ist der Hund bereits auf Suche nach dem Dachs unterwegs. Der Forstgarten, fast schon so etwas wie eine kleine, mit Bäumen und Hecken bewachsene Landschaft, ist bestens geeignet für ausdauernde Such- und Bewegungsspiele zwischen den beiden unterschiedlichen Hausbewohnern. In unzähligen Verfolgungsjagden um das gesamte Gehöft ist einmal Quinze, einmal Diggi der Jäger. Wird Quinzes Vorsprung zu groß, lässt sie den Dachs herankommen, um dann in gewohnter Jagdmanier wieder davonzusprinten. Irgendwann reicht es dann, und man geht auf langsamere Spiele über.

Zum Beispiel das Kräftemessen. Dabei geht es um den Besitz von besonders beliebten Gegenständen oder Spielzeug. Und wenn auch da nicht mehr viel Energie dahinter ist, finden beide auch ein wenig besinnlicher zueinander. Nimmt Quinze schlafend eine Auszeit, ist Diggi mit der Nase prüfend zur Stelle. Der Bart des Hundes wird ausgiebig auf Restkrümel vom letzten Fressen untersucht. Um auch etwas für die Sauberkeit zu tun, steigt Diggi auf Quinze und unterzieht ein Ohr einer tiefen Geruchsprüfung. Das alles lässt sich der Hund geduldig gefallen. Wird der Dachs mit seinen Grabkrallen doch einmal etwas grob, steht sie auf und sucht sich im weiten Gelände eine abgelegene Ruhe-Ecke oder geht im Hof unter die Eibe, ihren Lieblingsplatz. Diggi respektiert das meistens und widmet sich dann anderen Dingen.

Claus, der auch die landwirtschaftlichen Flächen im Hofjagen bearbeitet, beliefert uns jedes Jahr mit Heu für Joschi, den Haflinger. Duftend nach vielerlei Aromen und vor allem frei vom Kreuzkraut, eine für Pferde überaus gefährliche Pflanze. Mit dem ersten Heu lernt nun auch Diggi erstmals den großen Heuboden richtig kennen. Für Quinze schon immer ein besonders interessanter Raum, vor allem, wenn dort das neue Heu eingelagert wird. Es ist wieder soweit, der hochbeladene Wagen wird in den Hof geschoben. Die ersten Ballen werden nach oben gezogen, und mit ihnen stürmt auch gleich Quinze auf den Heuboden. Das Heu hat Claus auf der Wiese frisch gebündelt. Dabei werden nicht selten, so grausam es auch ist, lebende Feldmäuse fest miteingepresst. Für Quinze eine Kleinigkeit, das schon bei der allerersten Lieferung festgestellt zu haben, und so etwas vergisst sie nicht. Diggi, die ganze Zeit etwas scheu, noch im Hof, versucht, nachdem der Wagen wieder weg ist, Quinze zu folgen. Noch schwierig bei der steilen Treppe und dem großen Abstand der Stufen. Ich bin ihr behilflich, denn sie soll auch den Heuboden kennenlernen. Quinze ist schon dabei, immer zum Ärger der Tochter, einen der Heuballen in seinen ursprünglichen Zustand zu zerlegen. Ihre Nase täuscht selten. Diggi empfindet das aber wohl auch als Aufforderung zum gemeinsamen Spiel. Unverzeihlich aber für Quinze, in ihren jagdlichen Ambitionen gestört zu werden. Da wird sie, selbst Diggi gegenüber, tief knurrend und mit offen drohendem Maul schon einmal sehr ärgerlich, aber niemals bösartig. Diggi duckt sich sofort und deutet damit an: „Ich unterwerfe mich ja." Nach dieser Zurechtweisung durchstöbert sie allein den Heuboden, noch aber ohne Erfolg.

An sehr heftigen Regentagen bin ich häufig mit ihr, ohne Quinze, auf dem Heuboden. Sie beginnt gezielt in die Ballen einzudringen, doch bisher hat sie nur zwei tote Mäuse entdeckt. Damit hat sie aber festgestellt, dass es sich lohnt, auch im Heu nach Nahrung zu suchen. Als sie die Treppe allein bewältigen kann und auch nachts viel auf dem Heuboden unterwegs ist, wird sie für uns zur überraschenden Hilfe. Das Forsthaus ist im rechten Winkel direkt am Wirtschaftsgebäude (Heuboden und Stall) angebaut. So bleibt es nicht aus, dass uns über den Heuboden, besonders an kalten und regenreichen Tagen, Haus- und Waldmäuse, nicht selten in größerer Zahl, auch im Wohnhaus besuchen. Ist von der Familie einer im Haus, werden sie

Spielkameraden: Deutsch-Drahthaar Quinze und der junge Frechdachs.

in Lebendfallen gefangen und im Wald ausgesetzt. Bei zunehmender Zahl der kleinen Nager kommen wir aber auch an tötenden Fallen nicht vorbei. Seit nun Diggi viel auf dem Heuboden tätig ist, werden die Mausbesuche im Forsthaus mit der Zeit auffallend weniger. Sicher, die über den Boden flitzenden Mäuse bekommt sie nur selten. Aber die in ihren Bewegungen durch das Heu eingeschränkten Nager sind ihres Lebens nicht mehr sicher. Sogar zwei im Mauerwerk versteckte Nester mit noch nicht fluchtfähigen Jungen. Die Erfahrungen, die sie jetzt beim Suchen und Jagen von Mäusen auf dem Heuboden macht, werden ihr später in der Wildbahn dabei bestimmt hilfreich sein.

Auch wenn Diggi drei bequeme, weich ausgepolsterte Schlafkammern im Gehege hat, die Ruhepausen am Tag hält sie doch noch gern im Haus. Sie darf es auch, wenn zuvor keine größeren Grabarbeiten stattgefunden haben. Am liebsten ist sie im Arbeitszimmer bei mir und Quinze. Sie liegt dann zusammengerollt oder lang ausgestreckt auf der Liege neben dem Schreibtisch. Ist das Zimmer nicht erreichbar, sucht sie auch einmal recht ungewöhnliche Plätze auf.

Die Familie ist mit dem Hund zum Großeinkauf unterwegs und ich beschäftigt mit Kleinarbeiten im Garten. Diggi nahm die ganze Zeit regen Anteil an meiner Arbeit, ist aber längere Zeit schon nicht mehr zu sehen. Das hat etwas zu bedeuten, und ich muss sie unbedingt suchen. Grundstück, Gehege, Schlafkammern – nichts, also ins Haus. Dort sind alle Türen geschlossen, auch der Heuboden ist zu. Bleibt nur noch der offene Arbeitsraum neben dem Stall. Und dort finde ich sie, ruhend auf dem Spielesel aus der Zeit unserer Kinder. Da sie nicht ins Arbeitszimmer konnte, auch alle bevorzugten Tagesruheplätze nicht erreichbar waren, hat sie sich den Esel als Ersatz genommen. Sie sucht eben noch so etwas wie Körpernähe oder Geselligkeit, die sie durch den weichen, dicken Stoff des Esels wohl empfindet. Das aber bieten ihr die zwar gewohnten, aber kahlen Schlafkammern nicht. Seit diesem Tag ist das Grautierchen deshalb auch Diggis ständiger Schlafgefährte in der größten der Schlafkammern, in das er gerade noch so hineinpasst.

Drittes Kapitel

Ein neugieriger und frecher Mitbewohner

In den vergangenen Wochen führte Diggi im Forsthof ein recht unbekümmertes Leben. Sorglos war sie überall auf Entdeckung unterwegs, bescherte uns dabei viele unterhaltsame Stunden, aber auch manch heftiges Ärgernis. Dennoch eine lebensfrohe Welpenzeit für uns und auch für sie. Nun aber muss sie langsam auf ihr späteres Leben in freier Wildbahn vorbereitet werden. Notwendiges zum Überleben ist angeboren. Manches muss sie aber noch lernen und auch Erfahrungen sammeln. Die Dächsin hätte Diggi auf den gemeinsamen Streifzügen mit dem zukünftigen Lebensraum vertraut gemacht und ihre Erfahrungen an sie weitergegeben. Wir werden versuchen, sie in ihrer weiteren Entwicklung ein wenig zu unterstützen. Die natürliche Mutter aber können wir niemals ersetzen. Neben der häuslichen Pflege werden wir sie auch mit der Vielfalt ihres späteren Lebensraumes vertraut machen. Sicher würde sie das alles auch selbst entdecken. Vielleicht aber bekommt sie durch meine ständige Begleitung auch eine festere Bindung zum Hofjagen, in dem sie heimisch und über Monate oder gar Jahre sesshaft wird. Freilich steht dabei für mich auch eine Portion Eigennutz dahinter. Möchte ich doch im Zuge der Auswilderung auch viel aus ihrem nächtlichen Leben kennenlernen, und wo ist das besser unverfälscht möglich, als auf vertrauter Basis in freier Wildbahn? Sie ganz allein wird aber über ihren Verbleib im Hofjagen entscheiden.

Mit kleineren nächtlichen Streifzügen über das Fuchsheck bis hin zur Wolfsschlucht beginnen unsere ersten gemeinsamen Touren. Dann weiter bis zum Köhlersgrund, hinunter zum Moorgraben und ins Feld „Am Graben". Im vertrauten Grundstück bewegt sie sich auch tagsüber noch ohne jegliche Scheu. Außerhalb jedoch benimmt sie sich bei Tageslicht zunehmend vorsichtiger, und das muss unterstützt werden. Wird sie doch später meistens nur in der Dämmerung und Nacht unterwegs sein. Wir verlassen deshalb immer erst in völliger Dunkelheit am Abend das Grundstück. Steht sie noch nicht wartend im Außengehege, genügt nur ein verhaltenes „Diggi", um sie aus der Schlafkammer zu locken. Das wird immer mit einem kleinen Leckerbissen belohnt. Damit bekomme ich sie, auch draußen im Revier, zumindest in den ersten Monaten meistens noch gut unter Kontrolle. Ist doch die Bindung zu mir, durch ihre Jugendanhänglichkeit, auch noch sehr fest. Eine Wilddachsmutter fordert ihre Jungen in vergleichbaren Situationen durch bestimmte Gestik oder Laute zum Gehorsam.

Noch im Grundstück, galoppiert Diggi bereits einige Meter voraus zum Ausgangstor. Von dort führen drei schon über Jahre vorhandene Pfade in verschiedene Revierteile. Wir nehmen die erste Zeit nur den kürzesten, den zum Fuchsheck. War Diggi eben noch sehr unternehmungslustig schon weit vor mir unterwegs, jetzt außerhalb des Grundstückes, in der für sie noch fremden Umgebung, hält sie sich wieder brav wie ein gut erzogener Jagdhund an meiner Seite. Doch nicht so stiefelnah wie zu Beginn, wo ich versehentlich oft auf ihre Pfötchen trat, was sie immer mit schrillen Lauten quittierte. Mit jeder neuen Nacht aber nimmt ihr Kontaktsuchen zu mir weiter ab. Oft ist sie im Schein der Handlampe nicht mehr zu sehen. Das Angebot neuer, vielfältiger Gerüche hält sie jetzt dauernd in Bewegung. In längeren Abständen aber unterbricht sie ihre Ausflüge und kommt mit kurzen Galoppsprüngen zurück. Kurz vor mir bremst sie aber ab und nähert sich argwöhnisch dem Stiefel. Erst durch das Schnüffeln an Schuhen und Strümpfen sichert sie sich ab, wird wieder lebhaft und verschwindet bis zur nächsten Begegnung. Dieser ständig prüfende Wechsel zwischen Kontrolle und beruhigendem Kontakt ist für den jungen Dachs in dieser ungewohnten, fremden Umgebung jetzt noch sehr wichtig.

Schon ab dem Sommer nehmen Wilddachsmütter ihre Jungen regelmäßig auf Nahrungssuche mit. Ich halte mich an ihre Erziehungsmethoden und bin jetzt auch viel und lange in den Nächten mit Diggi unterwegs. Die für mich anstrengende Zeit beginnt. Kann ich doch, nach

Die ersten Male in fremder Umgebung: Immer wieder kommt Diggi zurück, um sich zu vergewissern, dass ihre Vertrauensperson noch da ist.

Besonderes Interesse galt auf den Ausflügen auch immer dem Inhalt des Rucksacks.

morgendlicher Rückkehr, nicht wie Diggi mich der Tagesruhe hingeben. Sie muss nun auch langsam mit der Selbsternährung beginnen. Zuhause bekommt sie aber noch immer eine kleine, auf natürliche Nahrung abgestimmte Portion. Die Familie hat die Futtermenge schon merklich herabgesetzt, damit Diggi sich draußen selbst darum kümmern möge. Doch der Wechsel von Hausmanns- auf Wildbahnkost braucht eben seine Zeit. Auch sie folgt gern noch dem leichteren Weg. Freilich sucht sie, auch grabend, nach kleinen verwertbaren Erdbewohnern, aber viel zu wenig, um damit den Hunger stillen zu können. Noch kommt bei ihr erst die Umwelt erkunden und kennenlernen. Zwischendurch, typisch für junge Dachse, hat sie aber oft das Bedürfnis, sich mit mir friedlich kämpfend auseinanderzusetzen. Ihre Aufforderung dazu ist nicht zu übersehen. Mit breit ausgestellten Vorderbeinen steht sie vor mir. Das lange dunkle Deckhaar hat sich senkrecht aufgestellt. Um einiges größer erscheint sie dabei, ich bin gewarnt. Reagiere ich nicht gleich auf ihr Verlangen, schüttelt sie den Kopf mehrmals seitlich schnell hin und her. Eigenartig, wohl als letztes Ultimatum. Denn gleich danach beißt sie, aber nicht bösartig, kurz in die Hand oder Lederhose, lässt wieder ab und fordert mich erneut heraus. Unbändig dieser Spiel- und Bewegungsdrang, der aber allen jungen Dachsen eigen ist. Ab und zu lasse ich mich auf solches Geplänkel ein, nicht immer ganz schmerzlos. Denn sie packt ja genauso fest zu, wie sie es bei Artgenossen machen würde. Nur ist deren Haut um einiges kräftiger. Wilddachsmütter tun also gut daran, ihre Jungen im noch besonders spielfreudigen Alter nicht auf Nahrungssuchgängen mitzunehmen.

Unsere länger werdenden Touren machen einen Rucksack wegen des fototechnischen Zubehörs unentbehrlich. Aber auch zur Stärkung packt die Hausfrau für uns beide immer noch etwas dazu. Ursprünglich war der kleine Rucksack dunkelgrün, also ganz der Natur verbunden. Seit Kurzem aber begleitet uns der weithin hell leuchtende aus früheren Familienwandertagen, und das hat auch seinen Grund. Noch mit grünem Rucksack war ich mit Diggi eines Nachts in der Wolfsschlucht. Dort hält sie sich in der teils mit Geröll überzogenen Mulde, dem alten unbewohnten Fuchsbau und den beiden riesigen, schon morschen Windbrucheichen immer besonders lang auf. Deshalb gehe ich auch gern mit ihr dorthin, zumal sie viel Genießbares auskundschaftet und dabei auch gut beobachtet werden kann. Bequem sitze oder liege ich dabei auf dem dicken, weichen Polster des „Goldenen Frauenhaarmoos“, das einen großen Teil des Hanges überzieht. Diggi macht sich bereits an den losen Rinden der Eichen zu schaffen, und ich lasse mich ins Moos nieder. Der grüne Rucksack, mit allem drin, griffbereit neben mir. Waldesstill und mild, die richtige Atmosphäre, um auch auszuruhen. Nachdem ich mich auch noch hingelegt hatte, wurde bald daraus tiefer Schlaf. Was mich geweckt hat, weiß ich nicht mehr. Diggis feuchte Nase? Der Schrei eines Wildtieres? Wie spät ist es – das Handy! Ich greife nach dem Rucksack, mehrmals – nichts. Schnell die Stirnlampe an – er ist weg. Auch um mich herum nichts zu sehen. Mein allererster Gedanke – gestohlen. Blöd, hier in der Einsamkeit, tief im Wald. Aber dann fällt mein Verdacht sofort auf Diggi. Natürlich, sie kann es nur gewesen sein. Mehrmals muss ich rufen, bis sie erscheint. Ohne „Belohnung“, die ist ja im Rucksack, macht sie sich auch gleich wieder von dannen. Sicher geht sie zum Rucksack, schnell hinterher. Ach du liebe Zeit, sie verschwindet im Fuchsbau. Vielleicht liegt er ja auch gleich vorn in der Röhre. Doch nichts ist zu sehen. In der lockeren, sandähnlichen Erde davor auch keine Schleifspuren. Nein, der Rucksack ist nicht im Bau. Aber kleine Papierschnitzel von bekanntem Papier aus unserer Küche liegen vereinzelt herum. So eine Gaunerin, hat sich wohl an unserem Proviant vergriffen. Aber wo hat sie den Rucksack hingeschleppt? Meter für Meter suche ich, zwischen Adlerfarn und Geröll, lange alles ab. Nichts, der Rucksack ist wie vom Erboden verschluckt. Kein Zeitgefühl mehr in tiefschwarzer Nacht. Bedenklich, sollte meine Familie anrufen und keine Antwort bekommen. Also auf schnellstem Weg nach Hause. Diggi folgt etwas später, hatte meinen überhasteten Weggang nicht gleich mitbekommen. Am nächsten Morgen mit Quinze und zweitem Handy wieder zum Tatort. Nichts, mein Handy meldet sich nicht. Erst als ich größere Kreise ziehe, vernehme ich plötzlich einen sehr leisen Ton. Er führt mich fünfundzwanzig Meter weit in die kleine Senke, die ich auch gestern schon kontrolliert hatte. Gut getarnt unter dem Farn liegt der Gesuchte. Selbst jetzt bei Tageslicht ist er in seinem Dunkelgrün schwer auszumachen. Ein heller aber hätte sich auch in der Nacht bei Lampenlicht noch bemerkbar gemacht. Am stabilen Rucksack selbst war nur der Verschluss einer Seitentasche aufgerissen. Von der dicken halben Fleischwurst und dem Brot war natürlich nichts mehr zu sehen. Der heimliche Diebstahl hat sich also gelohnt. Auch der jetzt helle Rucksack wird das in Zukunft nicht verhindern können. Aber er wird helfen, wieder mögliche nächtliche Suchaktionen etwas abzukürzen.

Im Herbst bin ich nachts oft schon allein unterwegs. Wir beide, Diggi und ich, starten zwar immer gemeinsam vom Gehege, aber oben im Wald setzt sie sich gleich von mir ab und bleibt nicht selten lange fort. Doch sie vergisst nie, wenn auch unregelmäßig, durch übliche Duftkontrollen sich noch der Anwesenheit des „Elterntieres“ zu versichern. Wie wird sie wohl reagieren, wenn ich plötzlich nicht mehr da bin? Vielleicht lässt sich das mit einem kleinen Versteckspiel einmal arrangieren. Gehört ja im weiteren Sinne auch zur Verhaltensforschung. Als sie wieder einmal abwesend ist, verlasse ich flink meinen Platz und laufe mit großen Schritten, um möglichst keine zusammenhängende Duftspur zu hinterlassen, dreißig Schritt weit zu einer starken Buche. Stativ und Kamera sind schnell einige Schritte vor mir aufgestellt, der Rucksack ist an einen Ast gehängt und das Licht der Stirnlampe reduziert. Der Wind steht sehr günstig, er wird mich nicht verraten. Diggi taucht aus dem Dunkel auf und bleibt an meinem alten Standort stehen, wohl verwundert, mich nicht mehr anzutreffen. Mit tiefer Nase am Boden, in kleinen Kreisen laufend, sucht sie nach einer Spur. Sie scheint unschlüssig, orientiert sich, die Nase in den Wind haltend, in verschiedene Richtungen. Kein Hinweis von meiner Nähe. Im Trab läuft sie auf meiner Spur zurück und dann weiter den Pfad, auf dem wir zuvor gemeinsam gekommen sind. Längst ist sie dem Licht der Stirnlampe entschwunden, dreißig Sekunden, sechzig Sekunden, weit über eine Minute schon, sie wird doch nicht etwa zurück zum Forsthof laufen? Doch dann taucht sie wieder auf, schnaufend im Galopp. Hektisch prüft sie erneut Boden und Wind an meinem alten Standort. Ihr Haarkleid hat sich rundherum senkrecht aufgestellt. Das aber zeigt jetzt ihren großen Schreck des Alleinseins. An der Stellung der langen Deckhaare lassen sich manche Gemütszustände eines Dachses gut erkennen. Es kann freudiges Spiel, Schreck, Angst, aber auch Aggressivität ausdrücken. Wie sie gekommen ist, so läuft Diggi wieder zurück, jetzt mit leisen, kurzen, wie quiekenden Lauten. Sie sucht wohl klagend das Elterntier. Dann aber scheint sie Wind von mir bekommen zu haben. Schnüffelnd, die Nase nach oben, verlässt sie langsam den Pfad und setzt unerwartet zum Galopp in meine Richtung an. Aus ängstlichem Suchen wird übergroße Freude, das Elterntier gefunden zu haben. Gut, dass ich sie kniend empfange und mit meiner schon länger verletzten Hand gerade noch den Fernauslöser drücken kann. Ein gelungenes Versteckspiel. Es zeigt, wie wichtig bei all ihrer Selbstständigkeit in fremder unbekannter Gegend doch noch immer die Nähe des Elterntieres ist.

Doch mit jedem weiteren Nachtgang ist meine Anwesenheit weniger gefragt. Sie bestimmt allein, wo es hingeht, und gibt auch das Tempo vor. Ich muss mich also unterordnen, wenn ich

Da stehen die Haare zu Berge. An der Stellung der langen Deckhaare lassen sich Gemütszustände eines Dachses gut erkennen.

Dieser auf dem Boden liegende Ast bekam von Diggi immer wieder seinen „Stempel“, gleichgültig, wie oft sie an ihm vorbeikam.

sie weiter im Auge behalten will. Auch wenn sie schon früher hin und wieder ihre Markierung abgesetzt hat, jetzt macht sie es sehr oft. Damit bekommt nun auch die schlitzförmige Duftdrüse ihre Aufgabe. Wo diese genau sitzt, hat Diggi damals unter dem Schrank sehr offenherzig, wenn auch ungewollt preisgegeben. In einer Drüsentasche wird das dafür erforderliche Sekret erzeugt und durch diese schlitzförmige Öffnung nach außen abgegeben. Findet es Diggi notwendig, eine Markierung zu hinterlassen, hält sie ihr Schwänzchen, den Pürzel, etwas nach oben, drückt die Drüse auf den Boden oder an einen Gegenstand und hinterlässt dort Sekret-Tröpfchen. „Der macht das ja genauso wie unser Postmann beim Abstempeln der Briefmarken“, berichtete vor langer Zeit ein Jäger, der erstmals einen Dachs dabei beobachtet hatte. Und prompt hatte sich daraufhin dafür auch bald die volkstümliche Bezeichnung „der Dachs stempelt“ eingebürgert. Überall, wo sie unterwegs ist, hinterlässt sie solch eine Markierung. Wenn sie später wieder daran vorbeikommt, stellt sie fest, „Hier war ich schon, ist mir bekannt, keine besondere Aufmerksamkeit nötig“. Das wirkt beruhigend, und sie findet dadurch auch schneller wieder zurück. Auch hat sie ganz bestimmte Grasbüschel und am Boden liegende Äste, die sie immer wieder markiert, so oft sie in der Nacht auch daran vorbeikommt. Sie sind aus irgendeinem Grund für sie besonders wichtig.

Der Ast nach dem Ausgangstor des Grundstückes gehört auch dazu. Selbst wenn sie frühmorgens zum Grundstück zurückkommt, bekommt er meistens wieder seinen „Stempel“. Waldwiese und Moorgraben sind derzeit ihre bevorzugten Nahrungsgründe. Dort ist es einfach, dank der herumkriechenden Regenwürmer schnell und viel Beute zu machen. Den Feuersalamander, der zufällig unseren Weg kreuzt, nimmt sie auch noch mit. Zu spät habe ich ihn entdeckt, um diesen Frevel zu verhindern. Aber auch das gehört zum Überlebenskampf in der Natur. Für den Rückgang mancher Bodenbrüter, wie von unqualifizierten Hobbyjägern oft behauptet, ist der Dachs, bei normaler Bestandsdichte, keinesfalls verantwortlich. Er ist zwar Allesfresser, aber kein Jäger wie der Fuchs. Als bedächtig suchender Sammler bekommt er nur fluchtunfähige Vögel oder Junghasen – und auch das meist nur als reine Zufallsbeute.

Wie alle ihre Artgenossen trägt auch Diggi keine Nahrung ein, noch legt sie irgendwelche Vorräte an. Hat sie aber etwas Lukratives, doch schwer Zugängliches entdeckt, dann entwickelt sie viel Geduld und ist dabei auch sehr kreativ, eben eine typische Sammlerin. Ein paar Mal konnte ich mich bereits davon überzeugen, hier im Wald, aber auch im Haus. Doch das, was

Diggi mir heute bietet, übertrifft alles Bisherige. Wir sind bereits Stunden im mondhellen Moorgraben auf Suche nach den dicken Regenwürmern unterwegs. Diggi, um sie einzusammeln, aus ihren Erdgängen zu ziehen oder zu graben, und ich, um sie dabei genau zu beobachten. Denn ein Regenwurm kann auch ohne zu graben ans Nachtlicht befördert werden, das aber ist gar nicht so einfach. Viele Versuche und Erfahrungen muss Diggi dafür noch machen. Erst später sollte sie auch diese Jagdart beherrschen.

Es ist Zeit, unsere Nachttour zu beenden. Kamera und Zubehör werden im Rucksack wieder verstaut, das Stativ wird geschultert, und auf dem Moorgrabenpfad geht es gemächlich heimwärts. Diggi folgt mir manchmal, meistens aber nicht. Sie scheint wohl auch mit etwas Wichtigem befasst zu sein. Durchs Nachtglas sehe ich sie unten in der Wiese, nahe am Wald, als dunklen Schatten. Wieder etwas, das sie haben möchte, aber wohl nicht gleich bekommt. Sicher ein tief gelegenes Feldmausnest mit noch nicht fluchtfähigem Nachwuchs oder was auch immer. Das kann dauern! Also weiter, der Morgen ist ja auch nicht mehr allzu fern. Im Gottesacker hinter mir plötzlich sich nähernde, dumpfe, galoppierende Geräusche. Bis zur nächsten Biegung leuchtet die Handlampe den schmalen Pfad hinter mir aus. Ja, dort kommt sie endlich, einmal in kleinen Sprüngen, dann wieder im zügigen Trab. Irgendetwas trägt sie im Maul. Ein Vogel? Ein Maulwurf? Ich werde versuchen, sie mit der Kamera zu empfangen und knie mich neben den Pfad. Sie kommt näher. Sehe ich richtig, eine Flasche? Nein, das kann nicht sein. Doch tatsächlich, es ist eine verdreckte Flasche. Das Halsende fest im Gebiss, hält sie die Flasche fast waagerecht nach vorn zeigend. Völlig überrascht von dieser Situation, löse ich schnell die Kamera mehrmals aus. Unruhig vor Aufregung, verliere ich kniend dabei auch etwas den festen Stand, und schon ist Diggi in Richtung Forsthof davon. „Hoffentlich sind die Bilder etwas geworden", überlege ich noch, während ich so schnell wie nur möglich hinter ihr herlaufe. Zwanzig Minuten später sehe ich sie erst wieder, aber bereits im Gehege. Sie sitzt, als wäre nichts Sonderliches geschehen, in der hinteren Schlafkammer und putzt sich. Die Flasche aber liegt unbeachtet in einer Ecke des Innengeheges. Eine leere Halbliter-Bierflasche, schmutzig, teils mit Moos überzogen. Im Inneren aber ist eine tote Waldmaus. Diese war also entscheidend für das längere Graben am Waldrand und den ungewöhnlichsten Beutetransport, den ich je bei einem meiner Dachse beobachten konnte. Mit dem üblichen Nahrungseintragen hat das allerdings nichts zu tun. Es ist nur das Sichern einer entdeckten, aber nicht gleich erreichbaren Beute, wie auch beim vorausgegangenen Rucksackdiebstahl. Für den kleinen neugierigen Nager in der Flasche aber ein mehr als jämmerlicher Tod. Lange mag er verzweifelt versucht haben, an der glatten Flaschenwand wieder nach draußen zu gelangen. Wie viele solcher kleinen Tragödien mögen sich durch verantwortungslose, dreckige Zeitgenossen wohl in der Stille vollziehen? Beachtenswert ist aber die Tragleistung von Diggi. 1,2 Kilometer weit trug sie die 400 Gramm schwere Flasche, waagerecht, ohne einmal abzusetzen. Das zeigt wieder, wie fest Ober- und Unterkiefer durch eine besonders stabile Verbindung beim Dachs zusammengehalten werden.

Über Köhlersgrund, Teufelsschlucht bis hinauf zum Hexentanz haben wir beide in vielen Nächten mittlerweile alles mehrfach durchforstet. Nun ist der östliche, kleinere Teil des Hofjagens dran, vom Kopfgrad über Hochkanzel bis hin zum Lärcheck. Auf die Hochkanzel, mit 650 Metern die höchste Erhebung im Revier, bin ich besonders gespannt. Vor Jahren hatte ich dort in dem nicht sehr großen Felsmassiv auf der Suche nach kleinen, besonders geformten Steinen ganz zufällig einige zusammenhängende Hohlräume entdeckt. Selbst Claus konnte sich nicht erinnern, in seiner Pfadfinderzeit jemals von diesen Höhlen gehört zu haben. Die beiden äußeren Eingänge waren größtenteils verschüttet und durch dichte Hecken, Windbruch und üppige Krautpflanzen selbst gegen aufmerksame Blicke völlig abgeschirmt. Natürlich reizte mich damals, die Tiefe dieser spaltenähnlichen Öffnungen zu ergründen. Nur eine davon war aber groß genug, um mich robbend auf dem Bauch hineinzuzwängen. Schon etwas beklemmend, sich in dieser Lage einem engen, unbekannten Felsgang anzuvertrauen. Der Boden mit einer Menge kleineren Gerölls übersät und am umgebenden Fels unendlich viele Spinnennetze. Vielleicht entdecke ich, so damals meine Vorstellung, irgendwelche Reste höhlenbewohnender Vorfahren oder Urtiere? Doch nichts dergleichen. Dafür aber, nach Passieren einer flachen Steinplatte über mir, erweiterte sich der Gang zu einem größeren Hohlraum, mit niedrig zerklüfteter Gesteinsdecke. Nur eine hintere Ecke bot die Möglichkeit zum Sitzen, aber unbequem. Daneben eine längliche senkrechte Öffnung, zu schmal aber, um weiter hindurchzukriechen. Das Lampenlicht offenbarte mir aber die Umrisse eines weiteren, aber kleineren Hohlraumes, von dem seitlich eine flache Steinrinne nach außen führte, zum zweiten Eingang. Keine Feuchtigkeit, weder am Boden, noch im umgebenden Gestein. Auch von Zugluft war nichts zu spüren. Durchaus eine mögliche Behausung, als Auswilderungs-Zwischenstation, für meine aufgezogenen Dachse. Fraglich nur, ob leidenschaftlich grabende Erdbewohner da auch mitspielen. Auf jeden Fall, einen Versuch wäre es wert. In Gegenden mit schwer zu grabenden, steinigen Böden beziehen auch Wilddachse gelegentlich derartige Felshöhlen zum Wohnen, wie auch zur Aufzucht der Jungen. Gedacht, getan. In den folgenden Wochen wurde das im Gang und in der Höhle herumliegende lockere Gestein an Wänden und Decke nach draußen geschafft und unauffällig abgelagert. Die Hecken und Büsche vor den Eingängen aber blieben, um diese auch weiterhin vor ungebetenen Blicken zu schützen. Das Geheimnis der Hochkanzel-Höhlen sollte gewahrt bleiben. Nur Claus wusste vom Vorhaben, das bei ihm aber gut aufgehoben war. Nun, meine Idee wurde später tatsächlich Wirklichkeit. Zwei Mal haben sich meine ausgewilderten Dachse, bevor sie das Hofjagen verließen, für einige Zeit in diesem Höhlensystem einquartiert, einmal sogar ihren Nachwuchs dort auch aufgezogen. Ließ sich Diggi von der sicheren Behaglichkeit der Höhlen überzeugen? Bevor ich sie aber mit ihr bekannt machen will, wird der Höhlenraum sauber hergerichtet.

Heute ist es nun so weit. Beim Durchstreifen des letzten Drittels vom Hofjagen will ich versuchen, wie ein Wohnungsvermittler, ihr dabei diese Höhle schmackhaft zu machen. Die Zeiten sind ja längst vorbei, wo Diggi mir gefolgt ist. Sie ist jetzt die Tourenführerin, der ich mich unterzuordnen habe. Nur mit Zureden, einigen Leckerbissen, längeren Pausen und viel, viel Geduld gelingt es manchmal, sie von meinem Vorschlag zu überzeugen. So sind wir dann eines Nachts auch zur Hochkanzel unterwegs. Eine noch neue Umgebung für sie, der natürlich ihre volle Aufmerksamkeit und Neugier gilt. Viel Zeit nimmt sie sich, mir zu folgen. Meine Nähe ist sowieso nicht mehr gefragt. Oft bin ich schon über alle Berge, bevor sie im Galopp wieder auftaucht. An der Hochkanzel warte ich, damit sie an Ort und Stelle sieht, wie ich bäuchlings im Kriechgang in der Felshöhle verschwinde.

Mehrmals rufe ich dabei, doch sie steht noch immer in einiger Entfernung vor dem Felsmassiv und orientiert sich, wohl erstaunt über mein seltsames Verhalten. Vor dem Knick schaue ich nochmals mit der Lampe zurück. Nein, noch immer steht sie draußen. In der Höhle schiebe ich mich in die linke hintere Ecke, die ein wenig Kopffreiheit bietet, lösche das Licht und warte, auf steinigem Boden sitzend, auf meine kleine Begleiterin. Totenstille. Dann leises Knirschen im Kriechgang. Ich leuchte durch den Höhlenzugang hinaus, dort steht sie. Leise rufe ich, doch sie bewegt sich nicht. Licht aus, vielleicht ist sie irritiert, ich warte, keine Geräusche. Misstrauen? Behagt ihr die Höhle nicht? Auch aufgezogene zahme Wildtiere sind eben nicht leicht von etwas zu überzeugen. Ich werde dafür sorgen, dass die zur Zeit noch kahle

Steinbehausung schnell etwas mehr Wohnlichkeit bekommt. Licht wieder an – da steht sie unter der Felsplatte! Ich mache mich bemerkbar, und langsam kommt sie, ständig zwischen den Steinen am Boden schnüffelnd, in die Höhle. Alle Ecken, auch die hintere Höhle, werden kontrolliert.

Nach fast einer halben Stunde gesellt sie sich auch kurz zu mir und verschwindet dann aber wieder nach außen. Das hätte also geklappt, ein erstes Kennenlernen der Felshöhle. Etwas mitgenommen robbe ich wieder nach draußen und bringe durch kleine Übungen meinen etwas gestauchten Körper wieder in Ordnung. Anstrengend dieser Höhlenbesuch, hatte ich doch schon längere Zeit keine Übung mehr im Felskriechen. Draußen ist von Diggi weit und breit nichts mehr zu sehen. Erst im Gottesacker gesellt sie sich nach der Höhleninspektion wieder zu mir, und gemeinsam legen wir das letzte Stück zum Forsthof zurück.

Gleich am folgenden Tag bin ich mit Quinze und Joschi, dem Haflinger, auf dem Weg zur Höhle. Walderfahren ist er ja, unser Joschi, aber der teils schmale Birschpfad durch den selbst bei Tag dunklen Fichtenwald, das ist neu für ihn. Dazu ist er noch mit zwei kleineren Heuballen und einem Strohballen beladen. Eine Spende aus seinem eigenen besten Vorrat für Diggis gedachte, zukünftige Höhle. Weich und duftend soll sie es haben, hoffentlich weiß sie es auch zu schätzen. Sie wird es vielleicht später ohnehin noch mit trockenem Waldgras ergänzen. Während ich mich mit dem Heu beschäftige, nimmt sich Quinze draußen Erdnester der Mäuse vor und Joschi seinen an der Fichte aufgehängten Fresssack. Der Transport der gebundenen Ballen durch den Kriechgang in die Höhle erfolgt mithilfe eines langen Seiles. Es ist einfacher, als loses Heu oder Stroh kriechend durch den Kriechgang zu schleppen. Das eine Seilende fest um einen Heuballen geknotet, das andere bäuchlings mit in die Höhle gezogen. Dort vor dem Eingang sitzend, die Schuhe fest gegen die Höhlenwand gestemmt, versuche ich nun den Ballen durch den Gang zu ziehen. Nicht so einfach wie gedacht, denn oft bleibt er an größeren Steinspitzen am umgebenden Fels hängen. Nach gut einer Stunde ist es aber geschafft. Heu und Stroh wird gleichmäßig dick und locker in der vorderen, größeren Höhle ausgebreitet. Es duftet wie seinerzeit zur Heuernte auf der Bachweide. Das lädt regelrecht dazu ein, sich ein wenig darin auszustrecken. Richtig anheimelnd gemütlich, und ich stelle mir vor, wie auch Diggi nach langer Nachttour sich in dem weichen Lager zur Tagesruhe niederlässt – hoffentlich! Eigentlich dürfte auch sie die Höhle nun nicht mehr ablehnen. Vielleicht später sogar mit Familie? Draußen haben es sich meine beiden Begleiter derweil gutgehen lassen. Zufrieden mit meiner Arbeit, machen wir drei uns ohne große Eile wieder auf den Heimweg. Irgendwann in den kommenden Nächten werde ich versuchen, Diggi für eine neuerliche Höhlentour zu gewinnen.

Diggi hat sich angewöhnt, ihre Tagesruhe am Vormittag gelegentlich für kleine Rundgänge durch Hof oder Garten zu unterbrechen. Das Gehege ist meistens auch am Tage offen, und etwas Neues gibt es im großen Forsthof ja immer zu entdecken. Auch lernt man dabei manches noch dazu. Zur Zeit sind es die Zwetschkenbäume hinter dem Wirtschaftsgebäude. Uralt sind sie, beschenken uns aber noch immer mit einer Fülle wurmfreier, fruchtig süßer Früchte, auch jetzt wieder, im September. Diggi hatte sich bereits mit den im Gras liegenden Früchten bekannt gemacht, aber da waren sie noch unreif und hart. Das änderte sich aber mit den ersten überreif gefallenen Zwetschken. Sie gehören mit zur Lieblingsnahrung aller Dachse. Sind wir auf Suche nach Diggi, dort finden wir sie bestimmt. Anfangs hat sie die Zwetschken immer zusammen mit dem Kern gefressen. Doch in letzter Zeit fiel mir auf, dass sie versucht, den Kern vom Fleisch zu trennen, um ihn seitlich aus dem Maul herauszudrücken. Lustig, wie er manchmal regelrecht herausgeschossen kommt. Das klappt natürlich nicht immer, einmal

Auf Diebstour – aus der Küche kommt der verlockende Duft eines Zwetschkenkuchens, und Zwetschken gehören zur Lieblingsnahrung von Dachsen.

wird er verschluckt, einmal fliegt er heraus. Anscheinend genießt sie die Frucht lieber ohne Kern, denn für ihr kräftiges Gebiss ist er kein Problem. Möglicherweise hängt das mit der im Kern enthaltenen Blausäure zusammen. Wie auch immer. Wir sollten ihr Verlangen nach der kernlosen süßen Baumfrucht aber bald auf etwas spektakulärere Weise kennenlernen.

Ein herrlich warmer frühherbstlicher Tag, wohl einer der letzten. Zu schade, um ihn nicht im Garten zu genießen. Kurzfristig haben wir deshalb Claus mit seiner Frau und einen Bekannten zum Nachmittagskaffee eingeladen. Was liegt näher, als dazu auch den ersten diesjährigen Zwetschkenkuchen zu präsentieren, für den die Hausfrau ein ganz besonderes Händchen besitzt. Unverkennbar sein Backduft aus dem offenen Küchenfenster. Er ist bereits fertig. Um ihn aber frisch und warm auf dem Kaffeetisch anzubieten, bleibt er noch im geschlossenen Backofen. Mir ist die Aufgabe zuteil, das restliche Geschirr zu holen. Da sehe ich gerade noch Diggi, die ihre Tagesruhe unterbrochen hat und im Garten verschwindet.

„Diggi ist auch unterwegs, habt ihr sie gesehen?“, rufe ich, wieder im Garten zurück, der Kaffeerunde zu. In dem großen Areal verliert man schnell die Kontrolle über einen umherstreichenden Dachs.

„Ja, sie war eben noch hier in der Nähe, ist dann rüber zum Haus“, sagt meine Frau und ergänzt: „Ich hab noch ein paar Fotos von ihr unter dem Küchenfenster gemacht, sie ist dann wohl weiter runter zum Komposthaufen.“

Ich verteile das restliche Geschirr und bin im Begriff, nun das Blech mit dem Kuchen zu holen. Da ertönt aus der Küche plötzlich unüberhörbar lautes blechernes Geklapper.

„Da ist was in der Küche“, höre ich noch vom Tisch, als ich schon Hals über Kopf, mir schwant nichts Gutes, ins Haus stürze. Welch ein erschütterndes, aber auch aufregendes Bild. Heruntergeklappt die Backofentür, das Kuchenblech bis zur Hälfte herausgezogen, und darauf in ganzer Größe unsere schmatzende Diggi. „Diggi!“ Mein lauter Aufschrei lässt sie einen Moment innehalten, sie kaut dann aber seelenruhig mit dicken Backen weiter. Lautes Entsetzen, begleitet vom Durcheinander rufender Stimmen aus dem Garten. Fast brülle ich es: „Bringt ganz schnell die Kamera!“ Das aber scheint dem Dachs dann aber doch zu viel und laut. Er springt runter, reißt dabei das Kuchenblech noch auf die Backofentür und verschwindet im Galopp aus der Küche. Vom Kuchen selbst fehlt bereits ein größeres Eck, der Rest ist zertreten. Der Lärm hat auch die gesamte Kaffeegesellschaft mobilisiert, die aufgeregt, aber neugierig schnell am Tatort erscheint. Eine Erklärung meinerseits ist nicht nötig, da alle ja lautstark durch mich bereits unterrichtet sind und die frische Zwetschkenspur im Flur keine Fragen mehr offen lässt. Viel tröstende Worte gibt es für die Hausfrau, für Diggi nur Tadel. Der Bekannte von Claus aber befand, dass der Dachs doch recht intelligent sein musste, wenn er in der Lage war, eine geschlossene Backofentür zu öffnen und das Blech vorschriftsmäßig herauszuziehen.

„Sie haben ja keine Ahnung, wozu ein Dachs fähig ist“, mein ärgerliches Dementi. „Außerdem“, setzte ich noch hinzu „hatten wir früher schon einen, der ähnlich klug war“.

Die Kaffeestunde nimmt mit einem hausgemachten dicken Streuselkuchen dann doch noch einen gemütlichen, fröhlichen Verlauf. Dabei kommt das Gespräch natürlich auch auf den ursprünglich Schuldigen dieses Vorfalls. Alle, die wissen, wer dafür verantwortlich ist, schauen mich an. Denn wird am Tage Besuch erwartet, ist es meine Aufgabe, das Gehege sofort zu schließen!

Der November meldet schon sein Kommen. Dichter Nebel zieht durch die Wälder, über Wiesen und verwandelt die knorrigen Eichen oben im Köhlersgrund in phantastische Fabelwesen. Gleich wandelnden Schatten löst sich ein Sprung Rehe aus undurchsichtigem Schleier und zieht über den Moorgraben hinüber zum Wald. All überall aber unendlich glitzernde Wassertröpfchen, wie Diamanten, Zweige und Gräser schmückend. Für mich stimmungsvolle, stille, friedliche Tage. Der Familie aber ist diese trübe, dunkle Zeit unbehaglich, sie sehnt sich nach Wärme und freundlicher Helligkeit. Südafrika war schon lange ihr Traum, vor allem der Tierwelt, aber auch der Sonne wegen, sie wäre jetzt besonders willkommen. Also kurz entschlossen wird der Reisetermin festgelegt, und zwei Wochen später ist es wieder viel ruhiger im alten Forsthaus. Kein Opfer für mich, zu bleiben. Unser kleiner Tierbestand liegt mir ohnehin viel mehr am Herzen als diese weltweiten Reisen, unter dem ständig zunehmenden Massentourismus. Wie immer bei längerer Abwesenheit der Lieben, bekomme ich zuvor alles aufgelistet, was zum eigenen Wohlergehen vorhanden und wie das eine oder andere zuzubereiten sei. Darüber hinaus einen ausführlichen Ernährungs- und Pflegeplan für alle weiteren vier- und zweibeinigen Haus- und Stallgenossen. Ich bin also wieder bestens informiert und kann nun auch etwas unabhängiger meinen eigenen Interessen nachgehen. Diggi, viel allein unterwegs, zeigt jetzt keine so große Neigung für ausgedehnte nächtliche Streifzüge und ist oft schon mit Beginn der zweiten Nachthälfte wieder zurück. Behagt ihr das nasskalte Wetter auch nicht, oder sind es schon erste Anzeichen bevorstehender Winterruhe? Wenn sie noch unterwegs ist, bleiben alle Türen, vom Gehege bis zum Arbeitszimmer, nur angelehnt. Denn häufig kommt sie nach nächtlicher Tour, bevor sie ihre Schlafkammer aufsucht, bei mir oben noch einmal vorbei. Diese Möglichkeit möchte ich ihr nicht nehmen, war das Zimmer doch für viele Wochen auch ihre erste Kinderstube.

Potpourri aus Dachs und Hund auf einem alten Sessel…

Bis weit in die Nacht hält mich jetzt der Schreibtisch fest. Heute sind es wieder Texte, die der ganzen Konzentration bedürfen. Im Hintergrund leise klassische Musik. Quinze, lang ausgestreckt auf der Liege, dann und wann leise fiepend, wohl einen Traum begleitend. Noch nicht 23 Uhr. Wo mag Diggi sich jetzt herumtreiben? Ob sie heute auch wieder nach oben kommt? Unten im Erdgeschoss plötzlich leise Geräusche, das wird sie sein. Ich warte, ob sich auf der Treppe zum Arbeitszimmer etwas tut. Doch sie scheint wieder hinaus oder die Schlafkammer aufgesucht zu haben. Wenn ich nachts ihre Rückkehr ins Gehege mitbekomme, wird es bis zum kommenden Morgen geschlossen. Doch sie ist nicht da, wahrscheinlich doch im Grundstück wieder unterwegs. Auf dem Rückweg nach oben sehe ich, dass die Tür zum Wohnzimmer ein wenig offen steht.

Sie wird doch nicht? – Doch der Blick hinein bestätigt, Diggi liegt ganz entspannt zwischen Stofftieren auf dem Sessel. Neugierig schaut sie zu mir herüber. Kennt sie doch auch diese Räumlichkeit gut und besonders auch den Sessel. War er erreichbar, nahm sie darauf auch zeitweise ihre Tagesruhe. Überhaupt ließen sich manche unserer vierbeinigen Mitbewohner gern auf dem alten rustikalen und bequemen Möbelstück nieder. Neben den Hunden auch die beiden Fuchswelpen, die wir vor Jahren aufgezogen hatten. Die Hausfrau aber ist sehr bedacht darauf, dass Diggi möglichst nicht allein ins Wohnzimmer darf, die Tür während ihrer Hausbesuche also immer geschlossen zu halten ist. Ich bin in dieser Angelegenheit nicht ganz so kleinlich. Da es schon spät ist, bringe ich Diggi ins Gehege, schließe alle zuständigen Türen und begebe mich wieder ins Arbeitszimmer.

Der folgende Tag verläuft wie auch der gestrige. Am späten Abend verlässt Diggi das Gehege und begibt sich sofort nach oben zum Ausgang des Grundstückes. Ich kontrolliere noch alle Türen. Die zum Wohnbereich sind alle zu, zum Arbeitszimmer aber alle offen, um Diggi nach ihrer Rückkehr den Weg zu mir freizuhalten. Ab und zu kommt sie immer noch einmal nach oben. Joschi bekommt noch einen kleinen Nachschlag Heu, ich zähle nochmals die eingesperrten Hühner durch und wende mich wieder geistiger Arbeit zu. Quinze wie gewohnt auf der Liege. Ist auch die Wohnzimmertür zu? Sicher, bin mit den Gedanken auch schon ganz woanders. Etwas früher als gestern Geräusche unten. Aha, sie ist wieder zurück, ein bisschen früh. Ob sie heute wohl heraufkommt? Das Radio ist aus, ich warte gespannt. Doch nichts, auch unten Totenstille, eine ganze Weile. Doch dann, wie der Blitz aus heiterem

Himmel, ein dumpfer, fester Schlag im unteren Geschoss. Da ist ewas passiert! Auch Quinze auf der Liege ist hochgeschreckt. Hastig stürze ich die Treppe hinunter, mehrere Stufen auf einmal. Die Wohnzimmertür steht etwas offen. Hatte ich sie doch nicht zugemacht? Ich reiße die Tür weiter auf und stürme in den Raum. Der ausladende, große Philodendron fällt mir als Erstes ins Auge. Aber nicht wie üblich stehend, sondern in ganzer Länge, mit sämtlichen Verzweigungen, liegend auf dem Teppich. Auch der Eichenholzkübel umgestürzt, und halb in ihm grabend – Diggi. Sie dreht sich kurz zu mir um, setzt dann aber unbeirrt kratzend ihre Arbeit fort. Einen beachtlichen Teil der Erde hat sie bereits herausbefördert und flächig auf dem Teppich verteilt. Wutentbrannt stürze ich schreiend auf sie zu, packe mit festem Griff ihren nassen Pelz am Nacken und schleudere sie mit aller Kraft durch die offene Tür in den Flur. Erschreckt schnaubend und polternd höre ich sie davongaloppieren. Quinze, die mir neugierig wegen der Unruhe gefolgt ist, sucht sofort wieder den Weg nach oben, als Diggi auf diese ungewöhnliche Art im Flur landet. Mir ist flau im Magen und wird noch flauer, als ich alles genauer betrachte. Eine nasse Spur führt von der Wohnzimmertür hinüber zum Sessel. Seine halbe Rückenlehne ist durchfeuchtet, und das Deckchen auf der Sitzfläche gleicht einem nassen Lappen. Vom Sessel aber führt diese Spur weiter zum Holzkübel mit Erde, die, feucht und schmierig, verteilt auf dem hellen Berber herumliegt. Mehr als entsetzlich, ich mag nicht mehr hinschauen, ich brauche eine Denkpause und setze mich. Wie konnte es nur dazu kommen? Die erste meiner Nachlässigkeiten: Die Wohnzimmertür war doch nicht eingeklinkt. Warum aber war Diggi so nass? Die Bademöglichkeiten im Revier sind vom Haus so weit entfernt, dass sie auf dem Nachhauseweg schon einen großen Teil der Feuchtigkeit aus ihrem Fell verloren hätte. Außerdem zeigt sie in dieser Jahreszeit kein Bedürfnis für einen der Bäche im Wald.

Da fällt mir die Wanne im Hof wieder ein. Wir hatten beobachtet, dass Diggi nach nächtlicher Tour in wärmeren Nächten, außerhalb des Geheges, oft gern noch ein Erfrischungsbad nahm. Deshalb diese Wanne, in der sie sich anscheinend, wenn auch nur sitzend, doch auch wohlfühlte. Ein Hausbesuch ihrerseits war danach natürlich nicht mehr möglich. Jetzt, in der kühlen Jahreszeit, steht diese Wanne aber im Arbeitsraum neben Joschis Stall. Noch gefüllt von Quinzes letztem Badetag, wie ich mich erinnere. Sollte da etwa des Rätsels Lösung liegen? Ich eile hinaus. Ja, die Tür des Arbeitsraumes steht offen und um die Wanne eine große frische Wasserfläche. Auch diese offene Tür wurde mir also zum Verhängnis. Jetzt habe ich den Schlamassel. Auf dem Rückweg schließe ich das Gehege und wünsche Diggi sonstwohin. Einige Zeit ist nötig, um wieder klare Gedanken fassen zu können und weitere Maßnahmen zwecks Reinigung zu überlegen. Vielleicht mit Föhn alles trocknen, Schmutz absaugen, Teppich mit Feinwaschmittel behandeln, die lädierte Pflanze aufrichten und ihre meterlangen Abzweige wieder an der Decke befestigen. Morgen werde ich auch Claus' Frau anrufen, sicher weiß sie Rat und hat einige praktische Tipps. Heute bin ich dazu nicht mehr in der Lage. Nur das Sesseldeckchen wird noch durchgewaschen und zum Trocknen aufgehängt, dann brauche ich Ruhe. Das Handy meldet sich, auch das noch. Beschwingt fröhlich meine Frau. Sie wollte nur hören, dass alles in Ordnung sei und mir erzählen, wie sagenhaft schön es doch in Südafrika sei, und so viele interessante Tiere. Nicht ganz so fröhlich danke ich für den Anruf und wünsche weiter so schöne Tage, entschuldige mich aber, da ich gerade am beauftragten Hausdienst sei und Diggi unbedingt einsperren müsse. Ich würde mich später noch einmal melden, was ich natürlich nicht getan habe oder tun konnte. Ob sie meinen Missmut herausgehört hat? Möglich, kennt mich ja lang genug. Noch schnell ein Blick hinunter in die Schlafkammer zum Übeltäter. Eingebettet in einer tiefen Heumulde hält er bereits den Schlaf der Gerechten. Der

Neugierdsnase. So gut wie nichts war vor dem jungen Dachs sicher.

heftige Hinauswurf hat ihr nicht geschadet, ist ja auch sehr robust. Um es kurz zu machen: Nach drei Tagen sind Wohnzimmer, Sessel und Pflanze einigermaßen wieder im ursprünglichen Zustand. Nur die gereinigte Schmutzfläche auf dem Teppich ist jetzt um einiges heller als der übrige Teil. Und dieser helle Fleck weckte nach Rückkehr der Familie dann auch ihren Argwohn, sodass ich mich zu einer umfassenden Beichte genötigt sah. Das führte dann unweigerlich wieder zur Diskussion mit dem Thema „Diggis Umzug in den Wald".

Dass man aber nicht für jede Unart von Diggi mich allein verantwortlich machen kann, zeigt auch ein Vorfall kurz nach Rückkehr der Familie aus dem sonnigen Afrika. Diggi, nach zwei Tagen Bauarrest, hat ihre Tagesruhe wieder einmal unterbrochen und ist irgendwo im Garten oder Hof unterwegs. Ich bin mit Ausbesserungen am Hoftor beschäftigt. In der Betriebsamkeit eines beginnenden Tages fühlt sich kein Familienmitglied so richtig für Diggi verantwortlich. Erst als die Hühner laut schreiend und flatternd ihren Körnertrog neben der Waschhaustür verlassen, wird man aufmerksam. Aber Diggi ist bereits auf dem Weg vom Waschhaus in die Küche. Aus dem offenen Küchenfenster zum Hof plötzlich mehrmals die laute befehlende Stimme meiner Frau. „Diggi, nein, nein!" Kurze Stille danach. Dann lautes Poltern, Rücken von Stühlen, und Sekunden später stürmt Diggi, ein größeres Brot im Maul, durch die Waschhaustür in den Hof. An der Tür ist sie kurz hängengeblieben, hat aber das Brot so fest gepackt, dass nur ein Stück herausgebrochen ist. Den Kopf mit der Beute hochhaltend, galoppiert sie über den Hof zum Gehege. Kopfschüttelnd, aber lächelnd erscheint die Hausfrau, schuldbewusst und noch etwas aufgeregt: „Wieder eine ihrer überraschenden Attacken. Plötzlich war sie da, lief an der Küchenzeile entlang, hielt kurz die Nase am Spalt der Brotschranktür, ließ sich fallen und zog mit den Krallen flink die Tür auf. Zufällig lag meine Kamera auf dem Tisch. Aber Diggi war ja so schnell. Im Nu hatte sie das frische Brot herausgezogen, verschwand damit unter Tisch und Stühlen, und draußen war sie. Mir soll einer einmal sagen, Dachse seien plump und behäbig." Unser Versuch, einen Teil des Brotes wenigstens für Joschi zu retten, scheiterte an Diggis heftigem Drohknurren. Sie hätte auf jeden Fall, bei aller Zutraulichkeit, kräftig zugelangt. Was sie an Fressbarem einmal hat, gibt sie keinesfalls wieder her. Da spielt die sonst freundschaftliche Kumpanei zwischen uns auch keine Rolle mehr. Man lernt eben nie aus.

In der zweiten Dezemberhälfte fiel der erste Schnee. Zaghaft in den Niederungen, aber schon ordentlich auf den Höhen des Hofjagens, dazu gesellte sich zunehmender Sturm. Alles aber noch über dem Gefrierpunkt. Etwas ganz Neues für Diggi, das sie vielleicht, zumindest in den ersten Nächten, auch zu beeindrucken scheint. Winterruhe deutet sich bei ihr noch nicht an. Aber ihre großen Streifzüge sind jetzt selten und sie gehen auch nicht mehr über die ganze Nacht. Manchmal sind wir noch zusammen unterwegs, aber nur in der Nähe des Grundstückes. Dann überlässt sie mir wieder die Führung und trottet, wie in ihrem frühen Alter, hinter oder neben mir her.

In meiner Phantasie erinnert sie mich dabei mit ihrem etwas gebeugten Rücken irgendwie an einen dahingehenden frierenden Menschen, den Kopf eingezogen zwischen den Schultern. Diese Rückenhaltung ist aber typisch für die Familie der Marder.

Am neunzehnten Dezember ist Diggi vom nächtlichen Alleingang nicht mehr zum Grundstück zurückgekommen. Drei Tage und Nächte fehlt sie uns nun schon. Enttäuschend der Blick in die leeren Schlafkammern jeden Morgen. Sollte sie sich doch für die Winterruhe draußen einen Bau ausgesucht haben? Vielleicht gar in der jetzt komfortabel eingerichteten Felshöhle? Die wäre aber bei der Schneelage viel zu weit. Ungewöhnlich auch ihre Suche nach einem Winterquartier, denn auch bei den Wilddachsen überwintern die Jungen im ersten Jahr meistens noch bei ihren Eltern im Bau. Diggi müsste demnach ihre Winterruhe bei ihren Pflegeeltern im Forsthaus halten. Aber bei Jungtieren, die von Menschen aufgezogen wurden, verläuft eben manches anders. Vielleicht spielt aber auch das Wetter eine Rolle, denn der Himmel hat sich in den letzten Tagen und Nächten recht spendabel gezeigt und dem Land, besonders in den höheren Lagen, eine fast dreißig Zentimeter dicke lockere Pulverdecke verordnet. Schon etwas viel für unseren Dachs, dem das Vorwärtskommen mit seinen kurzen Beinen nicht gerade leichtfällt. Bei solchen Wetterverhältnissen wird der junge Dachs keinesfalls so weit im Hofjagen unterwegs gewesen sein. Wir nehmen an, dass sie sich deshalb vielleicht, gezwungenermaßen, im nächstgelegenen Bau, dem Nebenbau in der Wolfsschlucht, einquartiert hat. Der Bau ist alt, schon lange nicht mehr bewohnt, für eine längere Winterruhe sicher nicht gerade behaglich ausgestattet. Das aber ist für einen Dachs nicht unwichtig. Heute werde ich den Bau aufsuchen, um anhand der Spuren festzustellen, ob sie überhaupt dort eingefahren ist. Bei dem noch immer anhaltenden Schneefall hab ich aber wenig Hoffnung, etwas zu entdecken. Morgen werde ich dazu gleich Quinzes Hilfe in Anspruch nehmen, wenn ich heute nichts erreiche. Nach einem Termin aus der Stadt zurück, mache ich mich am späten Nachmittag auf den Weg zur Wolfsschlucht. Der kleine Pfad durchs Fuchsheck, unter den großen Fichten, ist teilweise noch gut begehbar. Doch außerhalb und auch bergan wird jeder Schritt beschwerlicher, nur langsam geht es voran. Frau Holle ist eben oben immer viel fleißiger. Es war schon gut, nur eine Kamera und das leichte Stativ in den Rucksack zu packen. Ich nehme den Umweg durch den dichten Fichtenbestand. Hecken und Büsche unten im Gottesacker sind in der zunehmenden Dämmerung schon nicht mehr sichtbar. Leise meldet sich das Handy, umso aufgeregter meine Frau. „Stell dir vor, eben haben wir Quinze in den Hof gelassen, da kam doch Diggi vom Gehege. Beide beschnupperten sich kurz, dann verschwand sie wieder vom Hof."

„Das ist ja eine tolle Nachricht, kontrolliert Schlafkammern und Gehege und schließt alle Türen, wenn sie drin ist. Ich bin gleich in der Wolfsschlucht, schaue trotzdem noch nach dem Bau, bis bald."

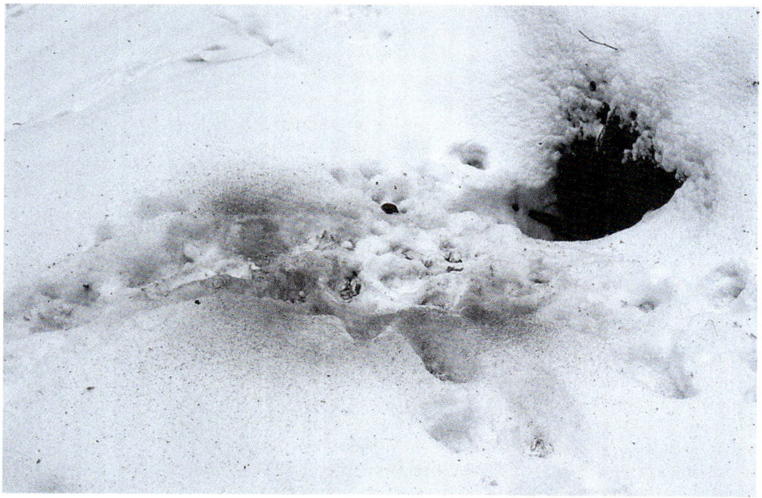

Eine Röhre zum Dachsbau. Vor ihr ist der Schnee zertreten und mit feinem Schmutz überzogen …

Ich brauche aber doch noch eine gute halbe Stunde bis dorthin. Bei diesem Schnee und in der Dunkelheit geht doch alles viel langsamer. Vom Bau ist natürlich nichts zu sehen. Nur eine Röhre ist zur Hälfte schneefrei.Vor ihr aber ist der Schnee vielfach zertreten und mit feinem Schmutz überzogen. Wir haben also richtig vermutet, Diggi hatte sich bei diesem für sie so ungewöhnlichen Wetter schnell in den Wolfsschluchtbau gerettet, aber nur vorübergehend. Denn sie ist ja wohl nun wieder im Forsthaus, welch ein beruhigendes Gefühl. Ordentlich viel Bauschmutz hat sie sich aus dem Pelz geschüttelt, bevor sie sich auf den beschwerlichen Weg zum Grundstück gemacht hat. Während sie also zum Forsthaus unterwegs ist, bin ich es zum Wolfsschluchtbau. Wie sich doch manche Ereignisse so überschneiden. Froh gestimmt folge ich nun wieder meiner alten Spur zurück zum Forsthof. Oben vom Hang, den ich gerade im Begriff bin hinaufzusteigen, kommen plötzlich leise knirschende Schneegeräusche. Fuchs? Sau? Oder was? Weit noch, der nächtliche Winterwald ist ja sehr hellhörig. Ich halte inne und suche mit der Lampe langsam oben den ganzen Hang ab.

Da plötzlich, halb vom Schnee verdeckt, in meiner alten Spur, bewegt sich etwas. Schnell das Nachtglas zur Hand – ein Dachs. Er versucht irgendwie zu laufen, das Ganze sieht aber in dem hohen Schnee mehr nach Schieben aus. Natürlich ist es Diggi. Ich bin sprachlos. Vor einer halben Stunde am Forsthaus, dann wohl auf meiner Spur hinter mir her, und das bei dieser Schneelage? Was mag sie bewogen haben, mir zu folgen? Sollte es doch noch Jugendanhänglichkeit sein, die eigentlich vorbei sein müsste? Was es auch ist, ein recht ungewöhnliches Verhalten, noch dazu bei diesem hohen Schnee. Als ich sie rufe, scheint sie sich schneller fortbewegen zu wollen. Doch es bleibt nur ein halbes Laufen, Schieben und jetzt am Hang auch noch Rutschen. Unten angekommen stürzt sie sich buchstäblich auf mich. Aber kein Spiel, kein Kampf wie üblich sondern, so kommt es mir wenigstens vor, in ausgelassener Stimmung. Sie gibt keine Ruhe, schüttelt sich ständig, drückt den Kopf fest gegen meine Knie und fasst mit den Schneidezähnen nach den Händen, aber mehr zärtlich. Eine solch winterliche Begrüßung wurde mir noch nie zuteil. Ist es Freude, mich gefunden zu haben? Das sollte ich doch versuchen, einmal im Bild festzuhalten. Vielleicht setzt sie ihr Willkommen fort, nachdem die Kamera aufgestellt ist. Schnell alles vorbereitet, es sind ja auch nur ein paar Schritte. Sie tut mir den Gefallen, auch dann noch ihre ungewöhnliche Freude kurz zu zeigen. Aufmerksam verfolgt sie später das Zusammenpacken der Geräte und steckt suchend den Kopf mit in den Rucksack. Leider habe ich nichts dabei, womit ich sie für dieses Bild belohnen könnte. Es wird zu Hause besonders gut nachgeholt. Freudig melde ich unsere Begegnung und bitte meine Frau, Diggis Fressnapf ordentlich mit Weintrauben und etwas Käse zu füllen. In der Waldschneise, nicht weit vom Grundstück entfernt, verschwindet Diggi schnell Richtung Ausgangstor.

Jetzt hat sie es aber eilig, nach Hause zu kommen. Als ich wenig später den Forsthof erreiche und nach ihr schaue, liegt sie bereits bei ihrem Eselchen in der großen Schlafkammer, der Fressnapf natürlich leer. Ich schließe Gehege und Schlafkammer und begebe mich ins Haus. Trotz mitternächtlicher Stunde sitzen wir noch kurz zusammen. Die Situation war doch zu ungewöhnlich, um erst am kommenden Morgen darüber zu sprechen. Nach diesem für uns sehr befriedigenden Ausgang, hat sie die Schlafkammer bis ins neue Jahr hinein auch nicht mehr verlassen. Dort hält sie jetzt ihre allererste Winterruhe.

Wir sind froh, sie wieder im Forsthaus zu haben, auch wenn es spannend gewesen wäre zu erfahren, welchen Bau im Hofjagen sie endgültig für ihre Winterruhe gewählt hätte.

Auch ich kann nun ein wenig der Winterruhe pflegen. Keine nächtelangen Streifzüge, keine schlaflosen Nächte mehr. Dafür aber viel Schreibarbeit, denn was sich im Laufe des Jahres an Notizen, Beschreibungen und Skizzen über Diggi angehäuft hat, ist beträchtlich. Aber so ein informatives, spannendes und auch unterhaltsames Abenteuer soll möglichst umfassend in Erinnerung bleiben.

Wir freuen uns auf das kommende Jahr mit Diggi. Was werden wir da wohl noch alles mit ihr erleben?

Viertes Kapitel

Der Dachs bekommt Gesellschaft

Ende Februar. Der Hofjagen liegt zwar noch unter einer fast geschlossenen Schneedecke, doch von Tag zu Tag wird sie merklich dünner. Allerorts tropft es in den Wäldern, am Boden füllen sich kleine Rinnsale, und im Forsthof sind die Dächer schon schneefrei. Auch die Murr, befreit vom einzwängenden Eis, bewegt sich wieder laut murmelnd zwischen ihren Ufern. Nur am Felssprung, wo sonst ein kleiner Wasserfall sprudelt, wird ihr gleichmäßiges Dahin noch durch viele längliche Eiszapfen etwas gebremst.

Am siebenundzwanzigsten Februar gegen zweiundzwanzig Uhr hat Diggi ihre Winterruhe in der Schlafkammer beendet und das Außengehege betreten. Zwischendurch hat sie zwei Mal die Winterruhe unterbrochen, aber nur kurzzeitig. So genau hat mich der Bewegungsmelder in Verbindung mit dem Video, die ich bereits im vergangenen Dezember installiert hatte, davon unterrichtet – eine tolle Sache. Nun ist sie jede Nacht im Außen- und Innengehege ruhelos unterwegs. Beginnt doch jetzt wieder ihre aktive Zeit, wie auch bei den Wilddachsen draußen. Wenn ich beim abendlichen Kontrollgang zum Gehege komme, steht sie sofort mit kurzen Grunzlauten bei der Tür. Begrüßung und wohl auch Freude, auf dass sie sich gleich öffnen werde. Doch Diggi muss sich noch etwas gedulden. Aus Verantwortung für ihre Gesundheit und des engen Kontaktes wegen zu uns und Quinze wird sie regelmäßig untersucht und gegen Würmer, Tollwut und Ähnlichem behandelt. Gerade jetzt nach der Winterruhe ist das auch besonders wichtig. Erst danach darf sie sich wieder frei im Grundstück und im nächtlichen Hofjagen bewegen. Mein Veterinär, zur Zeit auf längerer Vortragsreise, kann erst im März oder April einen Termin dafür wahrnehmen. So lange muss sie also noch warten. Um ihrer zunehmenden Unruhe ein wenig zu begegnen, auch tut mir das bettelnde Verhalten an der Gehegetür leid, bin ich in den Nachtstunden oft einige Zeit bei ihr. War sie doch im vergangenen Jahr häufig noch mit in geselliger Runde im Forsthaus.

Einmal raufen wir miteinander, dann wieder sitzt sie längere Zeit still auf meinem Schoß, die Nase schnüffelnd in den Wind haltend, der ihr schon erste Frühjahrsgerüche vom Wald und der Wiese zuträgt. Da werden sicher auch Duftbotschaften wilder Artgenossen darunter sein. Häufig steht sie wohl deshalb auch lange am Außengitter, die Nase hindurchgedrückt. Wie arm sind doch die Wildtiere, die einmal frei gelebt, dann aber gefangen und nur hinter Gittern ein Leben lang dahinvegetieren müssen?

Nach gemeinsamer Winterruhe mit den Eltern verlassen bei den Wilddachsen in diesen Wochen die meisten Jungen endgültig ihre Kinderstube, um sich eigene Reviere und Partner zu suchen. Wird auch Diggi diesem angeborenen Trieb folgen und damit unsere Beziehungen beenden? Nach ihrem besonders engen Kontakt zu uns, kann ich mir das eigentlich noch nicht vorstellen. Aber was will das schon heißen, nur angeborenes Verhalten ist maßgebend. Vielleicht aber wird sie auch im Hofjagen bleiben und uns die Gelegenheit bieten, weiter an ihrem Leben teilnehmen zu können.

Es ist noch recht kalt in den Nächten. Der sitzende, lange Aufenthalt für mich in den Gehegen, ist nicht so angenehm. Deshalb dürfen wir beide, mit Einverständnis der Familie, in der Nacht vom Gehege für eine Weile in den Hausflur umziehen. Eine willkommene Gelegenheit auch für Diggi, liegen ihre Hausbesuche doch nun schon Monate zurück. Steht die Tür zum Wohnzimmer offen, ist ihr erster Weg natürlich gleich zu Quinze. Die aber, obwohl auch lange nicht gesehen, ist über Diggis Besuch weniger erfreut. Befürchtet sie doch, das ohnehin etwas zu eng bemessene Rondell, wie in früheren Zeiten, wieder mit ihr teilen zu müssen, und das noch zu nachtschlafender Zeit. Es hat sich eben in beider Lebenszyklen einiges geändert. Früher haben sie oft am Tage gemeinsam im Rondell gelegen. Der eine müde von stundenlanger Birsch durchs Revier, der andere eine Tagesruhe haltend. Jetzt aber liegen ihre Schlafzeiten weit auseinander. Übrigens sieht es auch die Familie nicht gern, wenn die beiden beim ersten Treffen im neuen Jahr sich so aneinanderkuscheln. Während der langen Winterruhe von Diggi stellt sich in der Schlafkammer auch eine recht konstante Temperatur ein. Da fühlen sich die bis zu drei Millimeter großen Flöhe in ihrem dichten, hellen Unterkleid besonders wohl.

Bevor Diggi also zu Quinze darf und sie sich auch länger im Haus aufhält, ist ihr Pelz zuvor einer gründlichen Kontrolle zu unterziehen. Haben sich Flöhe einquartiert oder gar schon vermehrt? Gemeinsam gehen Diggi und ich gewissenhaft in ihrer dichten Unterwolle auf Suche. Diggi ist dabei sehr geduldig, denn was wir jetzt entdecken, erspart ihr später manch akrobatische Verrenkungen. Nach halbstündiger Prüfung dann das erfreuliche Ergebnis – Diggi ist flohfrei. Nach ihrer Prüfungsruhe sucht sie dann aber auch gleich nach Möglichkeiten, sich galoppierend durch alle erreichbaren Räume Bewegung zu verschaffen, ohne auf herumstehende zerbrechliche Kostbarkeiten Rücksicht zu nehmen. Oder sie beginnt mit freundschaftlichen, kämpferischen Attacken auf mich. Selbst ihre kleinen Hausbesuche nach der Winterruhe sind also nie kurzweilig.

Osterfest im Forsthof. Wie schnell doch die Zeit vergeht. Diesmal aber mit einem besonderen Jubiläum, denn Diggi gehört nun schon ein Jahr zur Familie. Da könnten wir sie doch mit unserem Osterschmuck auch darauf aufmerksam machen, meint die Familie. Wie üblich wird der Korkenzieherbusch im Hof mit bunten Plastikeiern behängt. Dazwischen nun, für Diggi erreichbar, das „Jubiläumsei“, rundherum mit honiggetränkten Walnusskernen beklebt, eine

Ostern. Und Diggi bekommt ein „Jubiläumsei“ …

Delikatesse in ihrer Welpenzeit. Die Unruhe im Hof hat Diggi nicht mehr ruhen lassen. Sie steht bereits am Gitter, als ich die Tür des Außengeheges öffne. Neugierig kommt sie in den Hof, läuft dann aber am Korkenzieherbusch vorbei, um erst Quinze zu begrüßen. Nach langem Waldlauf liegt diese gern am Pferdestall in der Sonne, um zu dösen.

Doch Diggi wird plötzlich abgelenkt. Schnüffelnd hebt sie die Nase in den Wind und begibt sich dabei schnell in die Mitte des Hofes, das „Jubiläumsei" ist geortet. Sie beweist damit wieder einmal ihre gute Nase. Und am Busch zeigt sie, dass sie auch recht grazil nur auf den Hinterpfoten stehen kann, auch wenn sie und ihre wilden Artgenossen die Klobigsten der ganzen Marderfamilie sind.

In der letzten Aprilwoche meldet sich endlich der Tierarzt. Diggi wird mit allem Nötigen versorgt und bekommt nach gründlicher Untersuchung auch ihr Attest „reviertauglich". Ab der kommenden Woche wird sie sich nun wieder, nach eigenem Willen, frei im nächtlichen Hofjagen bewegen können. Die erste Zeit werde ich versuchen, ihr zu folgen. Bleibt sie im Hofjagen? Hält sie noch Kontakt zu ihrer Kinderstube im Forsthaus? Und vor allem, wie lange wird ihre Vertrautheit zu uns noch Bestand haben? Aufregende kommende Nächte für mich und die Familie stehen bevor.

Doch erst wird versprochene Nachbarschaftshilfe erledigt. Claus will den großen Ansitz auf der Hochkanzel, wo im Winter besonders oft ein eisiger Wind bläst, wetterfest ummanteln. Grundgerüst und Dach sind vorhanden. Da seine beiden Gesellen irgendwo ein Pokalspiel bestreiten, hatte ich ihm bereits meine Mithilfe angeboten. Wie immer bei solchen Revierarbeiten ist zwar vieles vorbereitet, aber das Material muss noch vom Feld „Am Graben" zur Hochkanzel getragen werden. Auch der Ansitz in dieser Höhe macht viel Arbeit. Am frühen Nachmittag, mit anschließendem Probesitzen, ist es aber geschafft. „Das haben wir uns jetzt auch wahrlich verdient", mit diesen Worten kramt Claus zwei sauber eingewickelte Päckchen nebst größerer verschlossener Teekanne aus seinem Rucksack und gibt mir den Anteil. „Du sollst es dir gut schmecken lassen und dich einmal richtig bäuerlich satt essen, wünscht dir meine Frau." Sitzend auf weichem Moos im Halbschatten frischgrüner Buchen, widmen wir uns schweigend den reichbelegten Broten. Am Himmel tummelten sich unzählige Schönwetterwolken wie lockere, luftige Wattebäusche, begleitet vom vielstimmigen Vogelgesang im Wald. „Einen schöneren Tag konnten wir uns nicht wünschen", unterbricht Claus, noch kauend, meine Gedanken.

„Ja, unbeschreiblich schön", stimme ich zu. „Aber genauso lieb sind mir die mondhellen Waldnächte, mit ihren geheimnisvollen Geräuschen.

Claus meint: „Sicher, auch die Nacht hat ihren Reiz, sie ist aber eine ganz andere Welt. Man muss Zeit haben, sie zu erleben, und die fehlt mir ganz einfach. Für mich ist sie meistens mit Schwinden des Büchsenlichtes bereits zu Ende."

So plaudern wir noch eine Weile über Wald, Dachse und den aktuellen Dorftratsch. Keine schönere Rast als hier, weit weg von aller Unruhe und ohne Zeitdruck. Störend nur jetzt das Handy, meine Frau. Freudig ihre Stimme: „Ich glaube, wir bekommen wieder Nachwuchs!" Einen Moment bin ich still, doch dann: „Ein kleiner Dachs?"

„Ja, aber wohl etwas älter als Diggi damals. Ich wollte dich nur vorwarnen."

„Na, so langsam entwickelt ihr euch zu einer Zentralstation für elternlose Dachswelpen", meint Claus lachend.

Wir packen alles zusammen, was nicht in den Wald gehört, und tragen es zum Geländewagen unten am Feld. Langsam dann auf holprigem Feldweg weiter zur Forststraße. Er will gerade in die Einfahrt zum Forsthof einbiegen. „Nein, ich muss noch zu Hedwig einkaufen.

Vielleicht kannst du mich bei ihr wieder abholen, wenn du dann in die Stadt fährst?" Im Dorf setzt er mich beim Laden ab.

„Hol dich hier wieder ab, mach aber schnell", ruft er mir noch zu. Wie gut, dass es in solch abgelegenen Dörfchen noch so kleine Läden gibt, auch wenn das eine und andere ein wenig teurer ist. Der Einkaufszettel ist schnell abgehakt. Für Quinze noch ein kleines Mitbringsel, und wenig später setzt mich Claus am Forsthaus wieder ab. Beim gemeinsamen Kaffee berichtet meine Frau nun vom neuen Nachwuchs. „Eine Polizeistreife hat irgendwo an der Mosel zwei kleine Dachswelpen entdeckt und sie in einer Tierstation abgegeben. Einer der Welpen ist bereits an einen Tierpark vermittelt, für den anderen wird noch eine Pflegestelle gesucht. Adresse und Telefon hier auf dem Zettel."

Keine Diskussion. Wir setzen uns gleich mit der Station in Verbindung und holen den kleinen Grimbart bereits am folgenden Tag ab. Ein Rüde, vielleicht zehn, elf Wochen alt und rundherum in guter Verfassung. Ein richtiger Draufgänger aber, der sich nicht ohne Weiteres aufnehmen lässt, will man nicht Bekanntschaft mit seinen spitzen Milchzähnchen machen. Fauchend aus seiner Ecke stürzend, bedroht er jeden, der die Box betritt, in der unser Ziegenbock Franzl zu Lebzeiten sein Zuhause hatte. Es sind aber stets nur Scheinangriffe des kleinen Rüden, wenn man nicht versucht, ihn zu fassen. Er bekommt einen Namen aus dem Geschlecht der Hobbits, die ja auch unter der Erde leben. Nachzulesen in „Herr der Ringe". Fortan war er also unser Bilbo. Ein kurzer Rufname mit nur zwei Selbstlauten, darauf reagierten die jeweiligen Namensträger immer recht gut, zumindest in ihrer Welpenzeit.

Noch keine Woche, und Bilbo wird uns gegenüber zunehmend friedfertiger. Nicht zuletzt durch Quinze, zu der sich der kleine Dachsrüde sofort hingezogen fühlt. Für sie ist das überhaupt kein Problem. Jeden kleinen Dachs, der neu ins Haus kam, nahm sie immer neugierig, aber wohlwollend in ihren Freundeskreis mit auf. Durch den neuen, überraschend kleinen Hausbewohner muss Diggi leider noch etwas auf ihren ersten Freigang warten. Doch es geht ja

Liebe auf den ersten Blick.
Der kleine Dachsrüde „Bilbo" fühlte sich sofort zu Quinze hingezogen.

nur um ein paar Tage bzw. Nächte. Wir möchten aber die Annäherung zwischen den beiden Artgenossen gern einmal beobachten. Diggi hat natürlich sofort von seiner Anwesenheit Wind bekommen. Sichtlich erregt ist sie in den Gehegen unterwegs, an Tagesruhe ist da nicht mehr zu denken. Hält Bilbo sich im Stall auf, der gleich neben dem Gehege liegt, hören wir sie in einer ihrer Schlafkammern auch heftig rumoren. Die Nähe eines kleinen Artgenossen gibt ihr keine Ruhe mehr.

Am zweiten Tag nach Bilbos Ankunft ist er das erste Mal mit Quinze zum Gehege unterwegs. Müde vom anstrengenden morgendlichen Reviergang lässt es sich für den Hund auch dort einigermaßen ruhen. Sie ist auch gern am Gehege, schon wegen Diggi. Die unmittelbare Nähe der beiden macht Diggi noch aufgeregter. Ständig läuft sie, leise grunzend, im Außengehege hin und her. Im Badetrog sucht sie etwas Kühlung. Darin sitzend, kommt es durch das Gitter zwischen ihr und Bilbo auch zum ersten längeren Nasenkontakt. Ein sehr harmonisches Kennenlernen zwischen den beiden, das Bilbo auch mit leisem Grunzen bekräftigt. Ist wohl auch nicht anders zu erwarten, bei den untereinander so gesellig lebenden Dachsen. Damit aber ist Quinze als vermutetes Muttertier bei Bilbo nun abgemeldet. Einem Zusammenleben von Diggi und Bilbo steht nun nichts mehr im Wege. Dafür wird aber am Gehege eine kleine Änderung nötig. Bilbo darf Diggi in den kommenden Wochen nachts ja noch nicht begleiten. Abends ist das kein Problem, ich lasse eben nur Diggi hinaus. Nur der Morgen, wenn Diggi zurückkommt, das Haus noch schläft, muss geregelt werden. Diggi möchte ja sofort wieder zu Bilbo. Das Gehege ist bereits in einen Außen- und Innenteil getrennt, die durch einen kleinen Schacht verbunden sind. In diesem wird nun eine federbelastete Klappe eingebaut, die nur vom Außengehege aufgedrückt werden kann und danach das Innengehege selbsttätig wieder verschließt. Hat gleich am ersten Morgen einwandfrei geklappt. Ich komme gegen fünf Uhr morgens mit Diggi zum Grundstück zurück. Bilbo, im Innengehege eingesperrt, empfängt uns mit dem üblichen Keckern. Diggi betritt das Außengehege, das nachts immer offen ist. Um zu Bilbo zu kommen, geht sie zum Schacht und drückt die Klappe zum Innengehege auf. Diese fällt, wenn Diggi durch ist, sofort wieder zu. Diggi und Bilbo sind nun im Innengehege eingesperrt. Stürmisch wird sie von dem kleinen Rüden begrüßt. Beide sind für den Tag nun wieder zusammen. Eine hilfreiche Neuerung für mich. Am Tag wird die Klappe auf offen gestellt, damit beide auch das Außengehege mitbenutzen können.

Bilbo wäre natürlich zu gern Diggi am ersten Abend mit ins Revier gefolgt. Einmal wäre ihm das auch fast gelungen. Diggi ist gerade im Begriff, das Außengehege zu verlassen, da stürmt von hinten Bilbo herbei und versucht zwischen Diggi und dem Türrahmen sich schnell nach draußen durchzuquetschen. Gerade kann ich ihn noch an einem Hinterbein festhalten und wieder ins Innengehege zurückbringen. Ein dickeres Ästchen hatte das Schließen der Klappe verhindert, was er sofort ausgenutzt hatte.

Diggis erste Touren im neuen Jahr, die ich im Hinblick auf ihr mögliches Abwandern aus dem Hofjagen immer ein wenig skeptisch begleite, lassen aber nichts dergleichen erkennen. Im Gegenteil. Statt nach ihrer langen winterlichen Ruhezeit nun ausgedehnte Streifzüge zu unternehmen, geht es meist nur zu den nächstliegenden Nahrungsgründen. Oft ist sie Mitte der zweiten Nachthälfte wieder zurück und kann nun durch die Klappe auch sofort wieder zu Bilbo.

Eines Nachts, Quinze liegt auf ihrer Decke neben dem Bett im Arbeitszimmer, meldet sie plötzlich, mehrmals leise knurrend, irgendwelche für sie wohl ungewöhnlichen Geräusche im Hof, hat sich aber schnell wieder beruhigt. Nichts Besonderes also. Vielleicht Fuchs, Steinmarder oder andere vierbeinige Herumtreiber, der Forsthof hat ja immer irgendwelche nächtlichen

Umfangreiche Grabtätigkeit im Gehege. Hier versuchte ein Dachs zum anderen zu gelangen – ohne Erfolg.

Besucher. Keine vier Uhr, Zeit, um noch weiterzuträumen. Der folgende Morgen aber zeigt, dass Quinze doch nicht übliche nächtlichen Geräusche wahrgenommen hat.

Umfangreiche Erdarbeiten am Außengehege zeigen, dass hier ein Dachs in der Nacht wohl sehr fleißig gegraben hat. Warum aber? Jetzt sehe ich es, die Tür des Außengeheges ist geschlossen. Ich muss am gestrigen Abend, nachdem Diggi es verlassen hatte, sie dummerweise wieder geschlossen haben. Damit war Diggi heute am Morgen der Weg zu Bilbo im Innengehege versperrt. Selbst der Versuch, ihn tief grabend zu erreichen, musste scheitern. Ihre frühe Rückkehr und die Grabtätigkeit sprechen vielleicht gar für mütterliche Sorge dem Rüden gegenüber. Ich muss darauf achten, dass mir so etwas nicht wieder passiert. Im Wolfsschluchtbau, den zum Forsthof am nächsten gelegenen, wird sie jetzt notgedrungen ihre Tagesruhe halten.

Zweite Junihälfte. Prächtig ist schon die Blumenwiese hinter dem Forsthaus. Weder gedüngt noch behandelt, und doch schenkt sie uns jedes Jahr nicht nur ein buntes Blütenmeer, sondern auch bestes, nach mancherlei Kräutern duftendes Heu. Claus beliefert uns zwar schon ausreichend mit gutem Heu der Bachweide, aber das eigene Heu ist für Joschi etwas Besonderes. Vielleicht liegt das aber auch an unserer umweltfreundlichen altbewährten Art zu ernten, mit Sense und Handrechen. Immer nach dem Samenflug beginnen wir erst mit der Mahd, um uns auch im kommenden Jahr wieder an vielen Wildblumenarten mit ihren kleinen Nektar suchenden Gästen erfreuen zu können. Doch sollten Diggi und Bilbo unseren Zeitplan diesmal etwas durcheinanderbringen.

Da Diggi zur Zeit oft nur halbe Nächte unterwegs ist, scheint sie auch mit weniger Tagesruhe auszukommen. Schon in den Vormittagsstunden ist sie manchmal auf kleinen Ausflügen mit Bilbo im Hof und Garten unterwegs. Sie führt den kleinen Rüden ja überall dorthin, wo sie im vergangenen Jahr selbst lohnende Entdeckungen gemacht hat. Die offenen Türen ins Haus gehörten natürlich auch dazu, aber in Anbetracht, dass jetzt zwei Dachse unterwegs sind, achtet die Familie besonders darauf, dass diese möglichst geschlossen sind. Auch von den Hühnern ist im Hof nichts zu sehen. Verständlich, die haben den seltsamen Forsthofgast im vergangenen Jahr schon oft als argen Störenfried kennengelernt, und jetzt sind davon zwei unterwegs. Dabei hat Diggi doch nur „Spieljagen“, aber nicht „Beutejagen“ mit ihnen üben wollen. Bilbo sollte uns später aber leider eines anderen belehren. Kater Krischa liegt bei

Eine Hundepfote und Dachse im Doppelpack. Die beiden Grimbärte haben den unter der Eibe ruhenden Hund aufgestöbert.

schönem Wetter sowieso immer auf seinem Sonnenplatz, sicher aufgehoben hinter dem Schneefanggitter auf dem Heubodendach. Also nichts, was Diggi an „Forsthoferfahrungen" an Bilbo hier weitergeben könnte. Nur nach Quinze könnte sie noch einmal kurz schauen. Diese liegt gern ungestört und unsichtbar unter der Hof-Eibe. Doch vor den Nasen der Dachse kann sie sich nicht verbergen. Wenn man genau hinsieht, kann man sogar etwas von ihr sehen. Es ist ihr Lieblingsplatz nach langer sonniger Birsch durchs Hofjagen. Doch mögen Diggi und Bilbo heute sich noch so um sie bemühen, einmal zur Ruhe gekommen, können sie auch ihre Freunde nicht aus dem Lager heben. Damit ist der Hof für die beiden soweit erkundet.

Aber im Forsthofgarten, da bietet sich immer etwas an, zum Beispiel die Blumenbeete mit guter frischer Komposterde. Fast wäre Diggi mit Bilbo daran vorbeigetrabt, doch der Erdgeruch lässt sie halten. Ohne sich groß im lockeren Boden anstrengen zu müssen, zieht sie die dicksten Regenwürmer heraus, wobei nicht wenige der treibenden Blumenzwiebeln ans Tageslicht befördert werden. Dafür hat aber selbst ein Allesfresser keine Verwendung. Während Bilbos Graben in den oberen Erdlagen ohne große Folgeschäden bleibt, ist Diggi für tiefere Erdschichten zuständig. „Diggi zeigt eben ein ganz natürliches, angeborenes, erzieherisches Verhalten dem kleinen Artgenossen gegenüber. Sie ist keineswegs durch uns Ersatzeltern fehlgeprägt", mit dieser „wissenschaftlichen Begründung" versuche ich, meine Lieben immer zu beschwichtigen, wenn sie wehklagend aus dem Garten kommen. Ich tröste die Leidtragenden dann auch mit dem Hinweis, dass im Lebenswandel der beiden Gartenarbeiter vielleicht bald eine grundlegende Änderung eintreten werde. Ohnehin obliegt mir ja ganz alleine die Rekultivierung aller dachsgeschädigten Beete. Im Stillen muss ich meiner Familie aber Recht geben. Man glaubt ja nicht, was ein Dachs bei seinem kurzen morgendlichen Spaziergang durch den Garten dabei so alles verändern kann. Ärgerlich auch, wohin die beiden, nach Beendigung ihrer Grabtätigkeiten, ihre wilden Verfolgungsjagden und Kampfspiele verlegen. Nicht auf die Gartenwege wie früher Quinze und Diggi, sondern mit Vorliebe in unsere schöne, gerade jetzt im besten Halm stehende Wiese. Überall entstehen in wenigen Tagen durch die beiden größere Flächen niedergewalzter Gräser und Blumen. Auch wenn solch spielerisch geführten Kämpfe für die weitere Entwicklung von Bilbo vorteilhaft ist, wir müssen handeln, bevor Teile unserer Hauswiese den Charakter eines Spielplatzes bekommen, das Sensen später dann schwieriger und das Heu auch weniger schmackhaft für Joschi ist.

Tollhaus.
Die Hauswiese
wird zum Spielplatz
umfunktioniert.

Die Heuernte im Garten wird also etwas vorverlegt. Jetzt aber, im ausgebreiteten trockenen Gras, können wir mit ruhigem Gewissen und freudiger Anteilnahme auch ihrem übermütigen Herumtollen zuschauen.

Es ist soweit. Es ist Ende Juni, und nun darf der Rüde ohne Einschränkung Diggi auf ihren nächtlichen Streifzügen begleiten. Damit sind wir jeglicher Verantwortung für seine weitere Entwicklung entbunden und können uns ganz auf das Beobachten seiner angeborenen und noch zu erlernenden Fähigkeiten konzentrieren.

Die ersten Nächte bin ich mit den beiden bis zum frühen Morgen unterwegs. Ich möchte ja ihr Verhalten untereinander bei ihren ersten gemeinsamen Streifzügen etwas beobachten. Spät am Abend wird das Gehege geöffnet. Gleich nach Verlassen des Grundstückes, oben am Tor, setzt Diggi ihre erste Duftmarke ab. Immer auf dem gleichen Ast am Boden. Sie dient wohl auch der Orientierung für den im Revier noch unerfahrenen Rüden. Zur Heimfindung benötigen beide diese Markierung nicht unbedingt. Der Wurzelpfad, auf dem sie jetzt viel unterwegs sind, besitzt mit dem Sekret aus ihren Pfotensohlen genügend Hinweise für sie.

Erste Erkundungsgänge
im Freigelände.
Der kleine Dachsrüde
lernt durch seine
Ersatzmutter das
Revier kennen.

Manchmal hinterlässt jetzt auch Bilbo, an unscheinbaren Stellen stempelnd, seine ersten Markierungen. Doch wohl nur, weil es angeboren ist, aber noch nicht aus strategischen Gründen. Suchend beginnt er die Nase in den weichen Waldboden zu drücken, schiebt sie durch das locker liegende Laub, hebt da und dort mit den Grabkrallen ein kleines Loch aus, ohne aber großartig etwas Verwertbares ans Nachtlicht zu befördern. Anfangs aber noch immer in unmittelbarer Nähe von Diggi. Sobald sie auffallend hektisch im Boden gräbt, wird er aufmerksam. Sobald sie dann geräuschvoll schmatzend etwas verzehrt, ist er sofort bei ihr. Ihr gegrabenes Loch und ihr Maul werden einer genauen Duftkontrolle unterzogen. So lernt Bilbo, wo und nach was erfolgreich gegraben werden kann. Praktisches Lernen. Hat Diggi etwas Besonderes entdeckt, er längere Zeit nicht viel, dann fordert er recht energisch die Herausgabe der Beute. Mit ganzer Kraft stemmt er sich dagegen, um sie davon wegzudrücken. Sie wehrt sich selten dagegen, überlässt ihm die Beute. Mütterliche Zurückhaltung?

Bestimmte Gebiete im Hofjagen sind ganz hervorragende Nahrungsgründe für Dachse. Dazu gehört auch der südliche Teil des Moorgrabens. Ein Eldorado für unseren größten einheimischen Regenwurm, den Tauwurm. Regenwürmer sind über viele Monate im Jahr die Grundnahrung der Dachse und decken in dieser Zeit über 60 Prozent ihres Nahrungsbedarfes ab. Im vergangenen Jahr war ich viel mit Diggi dort, und auch allein war sie bestimmt häufig da unten auf Regenwurmjagd. Die Erinnerungen an solch lukratives Nahrungsgebiet bleiben natürlich auch bei einem Dachs gespeichert. Ich habe in Fachschriften dafür auch die Bezeichnung „Tatsachenwissen“ entdeckt. Schon eine Woche nach ihrem ersten Streifzug mit Bilbo ist sie mit ihm und mir auf dem Moorgrabenpfad dorthin unterwegs. Die letzten Regentage hatten der Region ein recht feuchtes, aber angenehm mildes Klima beschert. In solchen Nächten sind die Regenwürmer besonders aktiv. Sie verlassen in großer Zahl ihre Erdröhren, um in der Wiese nach vermoderten Pflanzenresten zu suchen, die sie, als spätere Nahrung, mit nach unten in ihre Erdröhre ziehen. Eine leichte, sehr ertragreiche Nahrungsbeschaffung für Diggi und auch Bilbo. Er muss das auch nicht erst erlernen. Nur fest mit den vorderen Schneidezähnen den herumkriechenden Regenwurm packen, auflesen und ins Maul damit! Machen sich herumkriechende Würmer rar, wird auch einmal danach gegraben. Das aber ist zusätzliche Arbeit, denn die Regenwürmer ziehen sich schnell in die Tiefe ihrer Erdröhre zurück.

Es sind auch Regenwürmer, halb noch in ihrer Röhre steckend, damit beschäftigt, kleine Pflanzenreste in ihr weit offenes Maul zu ziehen. Bilbo entdeckt einen solchen Regenwurm. Bevor der sich in die Erdtiefe zurückziehen kann, hat er ihn mit den Schneidezähnen gepackt und schnell herausgezogen. Aber was da ans Nachtlicht kommt, ist nur ein kurzes, abgerissenes Stück Regenwurm. Der längere Teil steckt noch in der Erdröhre und muss nun ausgegraben werden. Unnötiger Aufwand. Mehrmals kann ich Bilbo, auch in den folgenden Nächten, bei dieser nicht so erfolgreichen Regenwurmjagd beobachten. Im vergangenen Jahr stellte sich auch Diggi zu Beginn dabei nicht besser an. Nach vielen gemeinsamen Regenwurmnächten aber machte ich einige Male bei ihr ungewöhnliche Beobachtungen. Sie hatte einen noch aus der Erdröhre schauenden Wurm mit den Schneidezähnen gepackt, verhielt sich danach aber wenige Sekunden ganz still. Dann plötzlich zog sie ihn schnell, aber in ganzer Länge heraus und fraß ihn.

Anfangs fand ich für ihr Jagdverhalten keine Erklärung. Doch mithilfe von Literatur, weiteren genauen Beobachtungen, auch bei Versuchen an einem speziellen Regenwurmkasten im Forsthof wurde mir Diggis abwartendes Verhalten klar. Wenn Fressfeinde versuchen, den in seiner Erdröhre steckenden Wurm herauszuziehen, dehnt er durch starke Muskelspannung sein Hinter- oder Vorderteil etwas aus, sodass es kräftig gegen die Erdwand gedrückt wird. Der

Regenwurm ist damit fest in seiner Röhre verankert. Wird trotzdem an ihm gezogen, reißt er auseinander. Ist für den Wurm vermeintlich die Gefahr vorbei, wird er versuchen, sich möglichst schnell in die sichere Tiefe zurückzuziehen. Dazu muss er sein Hinterteil von der Erdwand wieder lösen, und seine Körperspannung lässt nach. Das spürt der erfahrene Regenwurmjäger und zieht ihn unzerteilt schnell nach oben. Das muss Diggi in unendlich vielen Versuchen gelernt haben, zumindest deutet ihr Jagdverhalten das an. Aber immer funktioniert das auch nicht. Allerdings habe ich das nur bei ihr beobachten können.

Dachse jagen meistens nur nach Regenwürmern, die in den Wiesen herumkriechen, das ist auch ertragreicher. Auf jeden Fall hat mir Diggi gezeigt, dass auch ein Dachs ökonomisch jagen kann. Ob das auch Bilbo irgendwann lernt? Die Anstehjagd auf Regenwürmer bei Amseln ist ja bereits hinlänglich bekannt.

Wie viel Regenwürmer müssten Diggi und Bilbo überhaupt fressen, um davon satt zu werden? Die angenäherten Werte dazu fand ich in wissenschaftlichen Arbeiten. Wenn Diggi die ganze Nacht aktiv ist, braucht sie etwa 1.100 Kilokalorien an Nahrung. Unser größter, etwa 150 Millimeter langer Tauwurm hat einen Nährwert von etwa 3 Kilokalorien. Würden die Dachse sich nur von ihnen ernähren, müsste jeder also 370 solcher Regenwürmer fangen. Das würden sie auch machen, wenn in der Nacht nur genügend davon herumkriechen würden.

Diggi und Bilbo sind nun jede Nacht zusammen unterwegs. Regelmäßig sind sie frühmorgens wieder zurück, einmal früher, einmal etwas später, und halten in einer der Schlafkammern ihre Tagesruhe. Ich bin jetzt nur noch zweimal in der Woche mit ihnen unterwegs und auch nicht die ganze Nacht. Schließlich kann ich mir ja keine ausgiebige Tagesruhe leisten.

Heute aber bin ich wieder mit ihnen unterwegs. Wie immer ist Diggi die Tourenleiterin. Heute nimmt sie den Pfad hinüber zum Weiher, keine dreihundert Meter vom Forsthof entfernt. Im vergangenen Jahr war ich in einer warmen Sommernacht mit ihr das erste Mal hier, um sie mit dem „großen Wasser" bekannt zu machen. Vielleicht auch zu einem gemeinsamen Bad anzuregen. Dachse können natürlich schwimmen, nicht schnell und elegant, aber sie halten sich gut über Wasser. Sie sind auch sehr wasserfreudig, doch was ich da von Diggi verlangte, war wohl etwas zu viel. So oft ich damals, im flachen Wasser stehend, sie rief, durch kleine Hopser versuchte, sie auch hineinzulocken, sie blieb unbeweglich am Ufer stehen, wohl verständnislos zu mir herüberstarrend. Sie erkannte mich ja nicht, hörte nur die vertraute

Im Planschbecken. Was kaum jemand weiß: Dachse sind sehr wasserfreudig.

Schnüffelnase. Überall wird der Boden geprüft und auf Fressbares abgeklopft.

Stimme, das Wasserplätschern und sah dabei das ständige Auf und Ab des Lichtes meiner Stirnlampe. Als ich später der Familie von dem Versuch, Diggi ins Wasser zu locken, erzählte, kam es fast aus einem Mund: „Du bist wohl verrückt, stell dir vor, es hätten dich zufällig Leute dabei beobachtet, nicht auszudenken, wenn sich das herumgesprochen hätte. Kein Wunder, dass sich Diggi bei deinem Firlefanz auch nicht ins Wasser getraut hat." Im Nachhinein hab ich dann selbst auch über meinen Versuch lachend den Kopf geschüttelt. Wie schon gesagt, Dachse gehen sehr gern ins Wasser, aber niemals im Sinne eines Vollbades, es sei denn, in einer Notsituation. Zwei Nächte nach meinem missglückten Badeangebot an Diggi waren wir damals wieder dort. Von allein ging sie da ins Wasser, aber nur in den mit Steinen ausgelegten Zulauf von der Bachweide.

Auch heute begibt sie sich gleich dorthin, auch wenn sich zur Zeit nur ein kleines Rinnsal hindurchschlängelt. Aber es genügt, um sich schüttelnd ein wenig abzukühlen. Reinigung ist nach einer Tagesruhe ohnehin noch nicht nötig, aber fürs Wohlbefinden reicht es. Zehn Minuten nimmt sich Diggi dafür, dann geht es auf dem schmalen Bachweidenpfad weiter. Sie voran, dann Bilbo, und ich mit schon größer werdendem Abstand wieder einmal hinterher. Nach dem Weiher teilt sich der Bachweidenpfad in drei weniger begangene Pfade. Zur Priesterhöhe, zum Fuchsheck und weiter zur Bachweide. Alle gehören sie zum festen, markierten Wegenetz der Dachse. An den Abzweigungen verharren beide aufmerksam einige Sekunden, wie immer prüfend die Nasen am Boden. Bestimmt war einer der benachbarten Hangbaudachse hier schon unterwegs, deren Territorium auch mit der Bachweide beginnt. Bis dahin müssten wir uns, nach meinem Grenzstellenplan, noch im anschließenden Streifgebiet bewegen. Auf jeden Fall sind Streifgebiete neutrales Land, es gehört weder zum Hang- noch zum Wiesenbaubesitz. Jeder der Baubewohner hat hier also das Recht, Nahrung zu suchen. Diggi und Bilbo sind bereits weiter auf dem Pfad zum Fuchsheck. Vor dem Waldrand halten sie inne und stehen aufmerksam vor einem kleineren Erdauswurf in der Wiese. Alles, was meine Dachse in ihren Bann zieht, interessiert auch mich, also schnell dorthin. Da springt doch ganz plötzlich Bilbo auf, schüttelt heftig den Kopf, den Körper und hüpft regelrecht einige Meter halb im Kreis umher. Dann galoppiert er zum Waldrand, wieder zurück, bremst abrupt ab, wischt mit einem Vorderlauf mehrmals über den Kopf und ist wieder unterwegs. Auch Diggi zeigt jetzt ähnliches Gebaren, nur nicht in dieser Heftigkeit. Da sind die beiden wohl an ein Wespennest geraten. Hektisch krabbelt eine größere Anzahl von Wespen über die Waben, während andere drohend die nähere Umgebung umfliegen. Das war für Bilbo natürlich ein gehöriger Schreck, von diesem bisher unbekannten Getier angegriffen zu werden. Wenn auch seine kräftige Schwarte ihn gegen Wespenstiche weitgehend unempfindlich macht, Kopf und Nase spüren sie auf jeden Fall. Er meidet jetzt auch die Nähe des Nestes.

Diggi aber, bestimmt schon erfahren mit derartigen Erdbewohnern, lässt sich selbst durch die weiter aggressiv angreifenden Wespen nicht abschrecken. Bieten doch die Waben mit ihren oft über hundert fetten Larven eine äußerst schmackhafte und reiche Beute. Dafür nimmt sie schon einmal einige schmerzhafte Stiche in Kauf. Gleichwohl gräbt sie schnell und erregt nach weiteren Waben, zwischendurch aber immer wieder heftig den Kopf schüttelnd. Es werden aber von Mal zu Mal mehr der brummenden Verteidiger, sodass auch Diggi bald panikartig das Nest verlässt, um sich, gleich wie anfangs Bilbo, einzelner aggressiver Verfolger zu erwehren. Ein zweites Mal sucht auch sie das Nest nicht mehr auf. Zeit wird es gleichfalls für mich. Da kein Dachs mehr da ist, stürzt sich jetzt die Masse aufgebrachter Wespen auf mich. Zwei haben mich noch am Hals erwischt. Schnell mit Speichel etwas gekühlt und dann hinauf zu den beiden, die oben im Wald schon verschwunden sind. Sie bleiben aber erfreulicherweise immer einmal wieder stehen, um sich mit einer der Vorderpfoten kratzend über Kopf und Fang zu fahren.

Erleichtert sehe ich, dass Diggi weiter auf dem Pfad bleibt. Da sind ja keine größeren Hindernisse, durch die sie mühelos hindurchschlüpfen würden, ich aber meist um sie herumlaufen müsste. Ein ganzes System solcher Haupt- und Nebenpfade, die auch von anderen Waldtieren genutzt werden, durchzieht kreuz und quer das Hofjagen und die angrenzenden Reviere. Diggi ist mit ihnen schon lange vertraut, und auch mir ist bekannt, wo die wichtigsten im Einzelnen hinführen. Hauptpfade sind die „Autobahnen“ der Dachse. Auf ihnen kommen sie schnell in die Nähe ihrer Nahrungsgründe. Die abzweigenden Nebenpfade aber sind die „Landstraßen“, die sie dann direkt an ihre Ziele bringen. So lernt Bilbo gemeinsam mit Diggi in jeder Nacht ein neues Stück des Wegenetzes kennen. Sie wechselt jetzt vom Haupt- auf solch einen nur wenig ausgetretenen Nebenpfad. Einen Augenblick muss ich überlegen, wo er hinführt, denn lange war ich nicht mehr hier oben. Es könnte zur „Kulisse“ gehen, nur komme ich meistens von der anderen Seite dorthin, deshalb bin ich mir nicht ganz sicher. Doch Diggi ist richtig, hat die Kulisse noch nicht vergessen, sie gehört also auch noch zu ihrem Tatsachenwissen.

Die „Kulisse“ ist ein riesiges, fast senkrecht stehendes Wurzelgeflecht zwischen Wolfsschlucht und Köhlersgrund. Ein Überbleibsel zweier vor Jahren gefallener uralter Eichen. Schon lange nutze ich das Durcheinander von dicken Wurzeln, Ästen und einer Vielzahl kleiner Hohlräume als Versuchsobjekt zum Beobachten meiner Dachse bei Spiel und Nahrungsbeschaffung. Manchmal aber kam es dabei zu recht interessanten Beobachtungen, wie etwa dieser: Beide Dachse sind unter den bemoosten morschen Stammresten am Suchen. Schnell deponiere ich, zwischen vielen anderen Versteckmöglichkeiten, in der hintersten Ecke eines tiefen Hohlraumes eine dicke Bockkäferlarve und warte. Nichts geht mehr bei Diggi auf Zuruf wie früher, nur Geduld ist angesagt. Während Bilbo sich noch unter dem Wirrwarr von Ästen und alten Rinden zu schaffen macht, kommt Diggi langsam wieder heraus. Vor der Kulisse bleibt sie stehen und hebt schnüffelnd den Kopf. Nur einen Augenblick, dann läuft sie zügig drei Meter weit, an der Vielzahl leerer Verstecke vorbei. In der Zwischenzeit habe ich flink auf der Rückseite der Kulisse Platz genommen.

Vor besagtem Versteck höre ich sie kurz schnuppern, dann erscheint in der Öffnung ihre steckdosenartige Nasenspitze. Die Riechleistung ist der am feinsten entwickelte Sinn, der auch genau die Lage der Beute lokalisiert. Die Nase verschwindet, und eine Vorderpfote schiebt sich, ohne zu tasten, zielgenau auf die Larve zu, zieht sie mit den langen Grabkrallen nach außen, und schon höre ich sie auf der anderen Seite schmatzen. Wie sinnvoll doch die Bezeichnung „Beutegreifer“ für Dachse ist, im Gegensatz zu „Raubtiere“. Die Krallen aber kann sie nicht wie die Katzen einziehen. Der Versuch mit Bilbo, mit gleicher Beute, aber anderem Versteck, ist weniger erfolgreich. In fast alle leeren Verstecken, an denen er vorbeikommt, schiebt er die Nase hinein, bis er dann auch, wohl zufällig, an das Richtige kommt. Auch wenn seine Riechleistung genausogut wie die von Diggi ist, so ist er doch noch im Stadium eines lernenden Mitläufers.

Manches zum Nahrungsfinden hatte ich mit Diggi auch schon im vergangen Herbst hier ausprobiert, Alltägliches, aber auch recht Unterhaltsames. Unterhalb des Wurzelgeästes klaffte eine von Ästen und Zweigen freigelegte größere Öffnung. An der rechten Seite wird sie von einem halbvermoderten dickeren Stamm mit einem kleinen, tiefen Astloch begrenzt. Immer, wenn ich an der Kulisse vorbeikam, füllte ich das Astloch mit Haselnüssen. Keine sehr aufregende Beute für Diggi, und auch im Geruch nicht so verlockend wie Bockkäferlarven. Aber ich wollte ganz einfach feststellen, ob und wie sie auch hier darauf reagiert. Im Forsthaus war sie für Nüsse immer zu haben. Kein hochwertiger Versuch, aber abwechslungsreich, bei meinen manchmal dreistündigen Aufenthalten an der Wurzel. Diggi hatte das Angebot bei unseren ersten Besuchen bald entdeckt, aber ohne große Begeisterung angenommen. Anders dagegen die Waldmäuse. Anfangs eine, später drei, räumten das Astloch immer rasch wieder aus. Ein leeres Astloch aber wird auch für Diggi schnell uninteressant. Die Nüsse wurden also in der Tiefe des Loches nun fest verkeilt, waren also nicht mehr transportfähig. Eine etwas gefahrvollere Aufgabe für die Mäuse, die jetzt an Ort und Stelle die Nüsse aufnagen mussten. Eines Nachts, Diggi hatte an anderer Stelle zu tun, wollte ich das Astloch kontrollieren. Dabei überraschte ich eine Maus, die unten im Loch sich an den Nüssen gütlich tat. Blitzschnell sprang sie heraus und huschte davon. Sie würde aber bald wieder auftauchen. Denn im Laufe vieler Nächte, wohl wegen dem überraschenden Nahrungsangebot hier mitten im Wald, sind sie recht kess geworden. Ich nahm auf dem Sitzstock Platz. Zwei, drei Minuten, sie taucht wieder auf und nagt schnell weiter. In der Zwischenzeit hat sich auch Diggi suchend auf der anderen Seite der Kulisse meinem Platz genähert, das Raspeln der Maus ist deutlich lauter. Diggi hat es wahrgenommen. Schritt für Schritt, wie schleichend, kommt sie langsam näher. Auch Dachse schleichen mitunter, auf kurze Distanz, die lokalisierte Beute an. Etwa dreißig, vierzig Zentimeter vor dem Astloch bleibt Diggi stehen. Fast zur gleichen Zeit verlässt die Maus mit gekonntem Sprung das Astloch und bringt sich, nicht weit vor Diggis Kopf, auf der anderen Astseite in Sicherheit. Diggis kleiner Beutesprung, langsam, schwerfällig und steif, kommt viel zu spät.

Zweimal erlebte ich noch ähnliche vergebliche Versuche von Diggi, eine Maus zu fangen. Vielleicht war sie durch die Mäusejagd im vergangenen Jahr auf dem Heuboden auch dazu besonders angeregt. Es sah auch fast so aus, als würde sie lauern, doch als sie zum Sprung ansetzte, war die Maus längst vorbei. Sie ist eben, wie alle ihre Artgenossen, viel zu schwerfällig und ungelenk, um derartig flinke Beute erfolgreich zu jagen. Dem Fuchs, mit seinen blitzartigen, akrobatischen Beutesprüngen, wäre die Waldmaus wahrscheinlich nicht entwischt.

Um meine Kulisse eine Zeitlang als lukrativen Nahrungsort für die Dachse zu erhalten, wird immer, wenn ich daran vorbeikomme, an verschiedenen Stellen etwas deponiert, auch wenn sich andere Waldbewohner daran dann beteiligen.

Der September ist fast vorüber. Bilbo wird auf die Begleitung von Diggi bald keinen Wert mehr legen und allein auf Nahrungssuche gehen. Damit gibt es zwischen uns Dreien auch keine gemeinsamen Streifzüge mehr. Spät bin ich heute dran, denn allein im Forsthof, auch Quinze ist außer Haus, hängt wieder einmal alles nur an mir. Nur übers Wochenende, aber selbst da wird mir bewusst, was meine Frau in solch großem Grundstück nebenbei so alles leistet. Ich sollte das, nach ihrer Rückkehr, unbedingt auf irgendeine Art würdigen. Meine beiden Nachtstromer warten schon ungeduldig im Außengehege. Ohne zu prüfen, ob draußen auch alles sicher, verlassen sie das Gehege und verschwinden im Trab Richtung Wald. Ein wundervoller Herbsttag war heute. Auch die Nacht verspricht angenehme Temperaturen und keinen Regen. Nachdem alles versorgt ist, ziehe ich mich nach oben ins Arbeitszimmer zurück. Die Türen vom Außengehege bis zum Arbeitszimmer bleiben offen, denn manchmal stattet mir Diggi, wenn sie von ihrer Tour zurückkommt, noch einen kurzen Besuch ab. Bei Schmuddelwetter ist der Weg zu mir allerdings versperrt. Seit aber Bilbo bei ihr ist, war sie nicht mehr oben. Halb zwei. Im Treppenhaus leises, aber das mir schon vertraute Tap, Tap, Tap, und wenig später vor der angelehnten Tür das schnüffelnde Prüfen.

Langsam öffnet sich die Tür, und abwartend erscheint Diggis Kopf. Die alte Vertraulichkeit, auch jetzt noch, nach Bilbos Einzug im Forsthof. Sie tritt ein, nimmt Duftkontakt an den Hausschuhen und hinterlässt darauf ihren feuchten Stempel. Damit ist ihrerseits alles, für mich nur Freundschaftliches, gesagt. Zielstrebig erkundet sie das Zimmer, vergisst auch den Papierkorb nicht, der gottlob noch leer ist, und ist mit einem unbeholfenen Hopser schon auf der Liege. Nach so langer Abwesenheit hier oben doch noch so ungezwungen! Wie unterschiedlich doch das Vertrauen beider Dachse zu uns ist. Entscheidend dafür ist eben das Alter, mit dem sie zu uns kamen. Bilbo war bereits vier bis fünf Wochen älter als Diggi. Er ist uns gegenüber auch viel weniger anhänglich als Diggi und war auch noch nie hier oben im Arbeitszimmer.

Diggi hat es sich auf der Liege bequem gemacht, da und dort im Pelz sich noch kratzend, und beginnt lang ausgestreckt zu ruhen. So lange ich noch arbeite, kann sie ja bleiben. Eine Dreiviertelstunde mag vergangen sein. Irgendwie ist leise Unruhe vor der noch etwas offenen Tür. Radio aus, gespannt gelauscht. Nichts, nur leises Atmen von Diggi, sonst Stille. Wohl eine der nicht seltenen Heubodenmäuse. Doch die Geräusche jetzt, das ist keine Maus. „Bilbo?“ Stille. Noch einmal: „Bilbo?“ Nichts tut sich eine ganze Weile. Doch mit einem Mal bewegt sich ganz klein wenig die Tür, doch nur eine schnüffelnde Nasenspitze erscheint. Da hab ich Bilbos Mut oder Neugier aber gewaltig unterschätzt. Vielleicht aber doch noch so etwas wie jugendliche Bindung zu Diggi? Sicher war ihm ihre frische Spur dabei eine große Hilfe, und ganz so fremd ist ihm das Forsthaus ja auch nicht. Aber über die Treppe in den zweiten Stock, das ist Neuland. Ich hätte ihn nie und nimmer hier oben erwartet. Viel Zeit vergeht, bevor er argwöhnisch und gespannt, Schritt für Schritt, das Zimmer betritt. Diggis Duftmarke auf dem Hausschuh scheint ihn etwas sicherer zu machen. An der Liege läuft er mehrmals hin und her, die Nase dabei ständig nach oben haltend. Er möchte wohl gern zu Diggi, traut aber ihrem ungewöhnlichen Schlafplatz nicht. Sie ist wach geworden, und nach einem zufälligen Nasenkontakt mit ihm wird er etwas lebhafter und sitzt kurz danach neben ihr auf der Liege. Beide kraulen sich mit den vorderen Zähnen eine Zeitlang gegenseitig seitlich am Hals, Zuneigung oder Begrüßung? Danach legt sich Diggi wieder hin. Ich überlasse die beiden sich selbst, widme mich wieder der Schreiberei. Als ich wieder nach ihnen schaue, liegt auch Bilbo neben ihr. Beide scheinen zu schlafen, wohl mehr nur zu ruhen. Noch kann ich es nicht fassen, nun auch den sonst etwas zurückhaltenden Bilbo vertraut auf der Liege zu sehen.

Eine Dreiviertelstunde, das Radio ist schon lange aus, nur leises Atmen der Dachse. Bilbo wird als erster wach und fordert, nach Beschnüffeln der Bücher im Regal, Diggi zum Herumbalgen auf. Typisch für den noch jungen Rüden. Doch Diggi zeigt dafür jetzt kein Verständnis, springt kurzerhand von der Liege und verlässt das Zimmer. Stufe um Stufe höre ich sie noch nach unten hopsen. Bilbo folgt zögernd hinaus in den Flur. Dort aber wecken einige vorübergehend abgestellte größere Kartons, teils mit Weihnachtsschmuck, seine Aufmerksamkeit. Einen Karton hat er bereits geöffnet und beginnt mit dem Ausräumen. Sicher sind zwischen dem Christbaumschmuck versehentlich noch Reste vom süßduftenden Weihnachtsgebäck zurückgeblieben. Um größere Unordnung durch ihn zu verhindern, rufe ich laut und in aller Strenge „Bilbo, nein" und packe seinen Pelz am Genick, um ihn nur zurückzuziehen. Er dreht sich aber sofort herum und bekommt meine Hose unter dem Knie zu fassen. Hätte ich gleich fest zugepackt, wäre ihm das nicht gelungen. Mit Schwung reiße ich mich los, springe zurück ins Zimmer und schließe die Tür. Schnüffelnd und kratzend macht er sich an ihr bemerkbar. War er über meine Zurechtweisung verärgert, oder sollte es erstes Dominanzgebaren sein? Mehrfach habe ich das auch schon bei anderen meiner heranwachsenden Rüden erlebt. Stille, keine Geräusche draußen. Vorsichtig öffne ich einen Spalt die Tür, kein Dachs mehr im Flur. Er ist jetzt unten. Schnell hinterher, um Gehege und Schlafkammern abzusperren. Kaum aber habe ich einige Stufen genommen, da höre ich Schritte unten, rasch höherkommend. Zurück ins Zimmer. Durch den Türspalt ist der Treppenabsatz gut zu sehen. Da kommt er, hechelnd aber flott, und versucht sofort, mit einer Vorderpfote im Türspalt, sie aufzuziehen. Mehrmals probiert er es, verschwindet dann aber wieder nach unten. Ich nehme mir etwas mehr Zeit, bevor es leise und langsam, Stufe für Stufe, wieder nach unten geht. Doch nur bis zur elften, dann ist schleunigst wieder Rückzug angesagt. Erstaunlich ausdauernd dieser Bursche, liegt wohl unten im Flur gar auf der Lauer, und wie schnell er auch nach oben kommt! Nachdem auch dieser sein Versuch gescheitert ist, setze ich mich an den Schreibtisch, um etwas länger zu warten, ich bin jetzt um vier Uhr morgens auch nicht mehr ganz frisch. Der dritte Versuch, nach unten zu kommen, ist dann endlich erfolgreich. Beide Dachse sind im Gehege, alle zuständigen Türen werden geschlossen.

Nach diesem überraschenden Zwischenspiel kann ich mich nun auch der längst fälligen Nachtruhe hingeben. Hatte ich irgendwann einmal von einem zornigen, nachtragenden Bilbo gesprochen, muss ich nach diesem Treppenabenteuer seine Charaktereigenschaften noch um Beharrlichkeit erweitern. Nach allem, was ich mit ihm bisher erlebt habe, scheint er auf dem besten Weg, ein sehr dominanter Rüde zu werden, so wie es ihm die Natur ja auch vorgegeben hat. Im kommenden Jahr muss ich ihn deshalb gut im Auge behalten. Alles in allem aber ist Bilbo ein friedlicher Forsthofmitbewohner. Wird er doch einmal etwas ungemütlich, auch der Familie gegenüber, erinnere ich sie, dass Dachsrüden im späteren Leben, auch ihrer Partnerin gegenüber, sehr dominant sind und Bilbo das hier vielleicht schon einmal ausprobiert.

Ob aber das, was Nächte später geschah, auch dazugehört, ist fraglich. Niemand hat was gesehen, keiner etwas gehört. Es ist später Abend. Zeit, das Gehege für Diggi und Bilbo zu öffnen. Sie hat sich schnell in Richtung Wald abgesetzt. Er aber ist noch am Gehege unterwegs, hat wohl wieder von dem Wildkaninchen Wind bekommen, das aber viel zu schnell für ihn ist. Ich wünsche ihm noch einen erfolgreichen Nachtgang und schließe auf dem Rückweg zum Haus die Hühnerluke. Alle Hennen sitzen bereits auf ihrer Stange bei Joschi im Stall. Fridolin, der Hahn, wird, wie oft, bei ihm noch nach frischen Äpfeln suchen, bevor er sich zwischen den Hennen auch zur Ruhe begibt. Ihm fällt ja das Laufen auch nicht mehr so leicht, seit der

Habicht ihn kurz in den Fängen hatte. Er saß ihm regelrecht im Nacken, als die Hausfrau, wegen dem lauten Geschrei der Hühner im Hof, mit dem Besen bewaffnet Fridolin zu Hilfe kam. Ein größeres Loch im Rücken hatte der Greif dennoch hinterlassen. Die eingeleitete Operation in der Vogelklinik war aber gut verlaufen. Anfangs konnte sich der arme Kerl nur humpelnd fortbewegen, was aber seiner farbenprächtigen Schönheit keinen Abbruch tat.

Am folgenden Morgen Aufregung im Forsthof, Fridolin ist nicht da. Die ganze Familie suchend und rufend im Grundstück unterwegs. Auch Quinze bekommt mit „Such verloren Fridolin“ den Auftrag, alle Hecken zu durchstöbern. Dem Hund ist der genaue Grund unserer Suchaktion zwar unbekannt, denn das Wort „Fridolin“, hat er sicher noch nicht so in seinem Gedächtnis gespeichert. Er weiß nur, es muss nach irgendetwas gesucht werden, und das macht er immer mit großer Leidenschaft. Eine halbe Stunde sind wir schon am Durchforsten des großen Grundstückes und dem Hof. Plötzlich ruft meine Frau, nein sie schreit, „Der Hund hat etwas Buntes im Maul“. Mein Magen beginnt zu revoltieren. Quinze läuft zu ihr, setzt sich und übergibt ihr auf Kommando „In die Hand“ unseren leblosen Fridolin, ohne Kopf. Weinend und erregt wirft sie ihn mir vor die Füße: „Hier hast du das Ergebnis deiner angeblich nur spieljagenden Dachse!“ Quinze scheint überrascht, dass der Hahn sich jetzt so ohne Weiteres beschnuppern lässt. Mit großen Augen blickt sie wohl fragend zu mir auf. Nein, mir vergeht beim Anblick unseres kopflosen Fridolin auch erst einmal die Sprache, käme bei dem Schwall anklagender Worte meiner Frau auch gar nicht dazu. „Weit hinterm Komposthaufen hat Quinze ihn kopflos gefunden, rundherum viele Abdrücke von Dachspfoten. Kannst du dir vorstellen, wie der arme Fridolin humpelnd um sein Leben gerannt ist?“ Sie stürmt ins Haus, noch bevor die Tür zuschlägt, höre ich nur noch: „Dieses Raubtiergesindel!“ Ich mache mir große Vorwürfe, die Hühnergesellschaft am Abend nicht auf Vollständigkeit hin überprüft zu haben. Es kann nur Bilbo gewesen sein, denn Diggi hatte das Grundstück nach dem Gehege sofort verlassen.

Gegenüber außenstehenden Besuchern ist der Vorfall eine gute Möglichkeit, wiederum darauf hinzuweisen, dass Dachse niemals als Haustiere gehalten werden können. Es gibt ja immer wieder unbelehrbare Zeitgenossen, die mit derartigen Gedanken spielen. Wir sind auf alle Fälle gewarnt und tauschen bei einem befreundeten Hobbyzüchter unsere Hennen gegen die etwas dachssichereren Bankiva-Hühner aus. Sie sind die Urform der Haushühner, können rasch kleinere Strecken fliegen und suchen bei größerer Gefahr sofort Schutz auf Bäumen und auch auf Gebäuden. Mit ihnen wird Bilbo wohl nicht mehr ein solcher Handstreich gelingen.

Die gemeinsamen Streifzüge von Diggi und Bilbo gehören nun der Vergangenheit an. Jeder ist jetzt allein auf Nahrungssuche unterwegs, in dieser Beziehung sind sie typische Einzelgänger. Zur Tagesruhe kommen beide aber noch immer zum Forsthof zurück. Ihr Einzelgängerleben während der Nahrungssuche bedeutet für mich aber auch etwas mehr Planung, da ich von vornherein entscheiden muss, welchem von beiden ich in der Nacht folgen möchte. Ohnehin aber habe ich meine Begleitung in diesen Wochen stark eingeschränkt, schließlich gibt es im Forsthof auch noch Anderes zu tun, als nur mit Dachsen unterwegs zu sein. Die regelmäßige morgendliche Kontrolle der Schlafkammern aber ist unumgänglich. Denn ich muss damit rechnen, dass die beiden sich jetzt draußen im Revier vielleicht selbst einen der Baue zur Winterruhe einrichten.

Mit den ersten stärkeren Nachtfrösten Mitte Dezember werden sie aber auffallend ruhiger, sind nicht mehr jede Nacht unterwegs. Noch vor Jahresende, die Nachttemperaturen halten sich schon einige Nächte unter minus sechs Grad, verlassen beide nicht mehr die Schlafkammer. Diggis zweite, jetzt aber gesellige Winterruhe im Forsthaus.

Fünftes Kapitel

Der Bau wird renoviert, die Grenze markiert

Diggi und Bilbo haben ihre Winterruhe Ende Februar beendet und sind bereits jede Nacht, jeder für sich, im Revier wieder unterwegs. Beide sind mir gegenüber noch vertraut. Diggi nach wie vor sehr gesellig, Bilbo aber meist etwas auf Distanz. Noch ist ungewiss, ob sie im Hofjagen bleiben. Sie ist ja nun schon drei, er zwei Jahre alt. Oft bin ich mit ihr, ein anderes Mal mit ihm unterwegs, aber nicht mehr so häufig wie im vergangenen Jahr. Zur Tagesruhe suchen sie jetzt meistens den Wiesenbau auf, waren aber auch schon in dem einen oder anderen Nebenbau. Die Felshöhle oben auf der Hochkanzel haben sie leider noch nicht aufgesucht, dafür gelegentlich aber noch das Forsthaus zur Tagesruhe. Für einen eigenen, ständig bewohnten Bau konnten sie sich noch nicht entscheiden. Will ich nachts einen begleiten, bin ich zuvor auf Quinzes Hilfe angewiesen, die mir immer freudig anzeigt, an welchem Bau ich mich abends ansetzen muss. In den kommenden Wochen werde ich mir dafür wieder einige Nächte freihalten. Irgendwann müssen sie sich doch für eine feste Bleibe, hoffentlich hier im Hofjagen, entscheiden.

Heute ist erst einmal ein Stadttermin wahrzunehmen. Mehrmals im Jahr treffe ich mich an der Universität mit einem Wildbiologen zum Fachsimpeln. Er hat bereits einige Jahre mit heimischen Dachsen gearbeitet und seine Erfahrungen in einer Vielzahl wissenschaftlicher Berichte und Vorträge veröffentlicht. Allerdings beruhen diese im Wesentlichen auf gefangenen Wilddachsen, die in großräumigen, annähernd artgerechten Freigehegen gehalten werden. Die Ergebnisse lassen sich aber nicht so ohne Weiteres auf wildlebende Artgenossen übertragen. Aber es gibt recht interessante Vergleiche zwischen seinen und meinen Dachsen. Vieles kann bestätigt werden, manches aber führt auch zu kontroversen Meinungen. In jeder Hinsicht ein wertvoller Erfahrungsaustausch. Den heute angesetzten Termin kann er wegen einer längeren Besprechung im Haus leider nicht wahrnehmen. So nutze ich die Gelegenheit für einen längeren Aufenthalt in der Uni-Bibliothek, die mir auch zur Verfügung steht. Leider hält sich der Bestand vor allem an populärwissenschaftlicher Literatur über den Dachs, im Gegensatz zu anderen heimischen Wildtieren, doch in recht engen Grenzen.

Mein Rückweg zum Auto führt am schnellsten durch die Fußgängerzone. Aber hin- und herhastende Menschenmassen, dichtes Gedränge und Geschiebe erlauben oft kein rasches Vorwärtskommen. Dazu ständiger Motorenlärm aus benachbarten Straßen. An Hausfassaden und Geschäften ersetzen bereits erste grelle Lichtreklamen das langsam schwindende Tageslicht, sodass sich später ein klarer Sternenhimmel wohl nur noch erahnen lässt. Das alles verkörpert eben die Welt einer Großstadt. Mein ist sie auf jeden Fall nicht, und erleichtert sitze ich bald wieder im Wagen. Melde mich kurz zu Haus: „Bin auf dem Heimweg." Ein Blick noch schnell auf die Nachricht von Claus: „Hallo, bin ab heute zwei Tage unterwegs, deshalb die kurze Info, die sicher wichtig für dich ist. Hab gestern in aller Früh oberhalb vom Wiesenbau auf Sauen angesessen. Das Mondlicht wechselte zwar dauernd, doch konnte ich am Bau einen Dachs ausmachen, der mehrmals darin verschwand, bald aber wieder schwer arbeitend auftauchte, wahrscheinlich Erdarbeit. Sicher einer von deinen. Könnte ja sein, dass sie jetzt beginnen, sich hier im Revier einzurichten." Eine mehr als erfreuliche Nachricht. Wenn in dieser Jahreszeit am Bau gearbeitet wird, ist das ein Hinweis, dass der Bauherr zumindest längere Zeit beabsichtigt zu bleiben. Ich bin mir sicher, dass es einer meiner Gefährten war. Die alteingesessenen wilden Nachbarn drüben im Moosholz haben ja ihren Hangbau, und fremde Dachse sind mir schon Monate im Hofjagen nicht mehr begegnet. Gleich morgen Vormittag werde ich mich zum Wiesenbau begeben, einmal sehen, was da in der Nacht so gearbeitet wurde.

Schon früh bin ich am nächsten Morgen mit Quinze zum Bau unterwegs, gespannt, was mich dort erwartet. Unten über dem Moorgraben liegt noch dichter Nebel. Hier aber, ober-

Am Ende der Schleifrinne. Größere Erdhügel machen von Weitem auf das Gelände rund um den Dachsbau aufmerksam.

halb der Wolfsschlucht, begleitet uns in der Stille des Waldes bereits erstes einfallendes Sonnenlicht. Was für ein Kontrast zur Großstadtatmosphäre. Gegen zehn Uhr haben wir das Wiesenbaugelände erreicht. Größere, aber ältere Erdhügel machen bereits von Weitem auf das Baugelände aufmerksam. Eine tiefe frische Erdrinne führt gradlinig aus dem Bau nach oben. Viele Male muss Grimbart unterwegs gewesen sein, um abgebaute Höhlenerde nach oben ins Freie zu transportieren, die er dort dann abgelegt hat. An solch einer frischen Rinne erkennt man, dass hier ein Dachs gearbeitet hat und den Bau wahrscheinlich auch bewohnt. In Gedanken sehe und höre ich, wie er angestrengt schnaufend sich mit dem zu transportierenden Erdhaufen abmüht. Bei einer großräumigen Behausung wie dem Wiesenbau kommt während der Renovierung eine Menge Erde zusammen, die in vielen Arbeitsgängen herausgeschafft werden muss. Das mag sich auch Conrad Gesner gedacht haben, als er vor rund 450 Jahren an einem Dachsbau mit solch einer Erdrinne stand. Conrad Gesner lebte von 1516–1565 und war einer der bedeutendsten Schweizer Naturforscher, den man auch Urvater der Zoologie nennt. Einen Dachs bei solchen Erdarbeiten hatte er aber wohl noch nicht beobachtet. Die halbkreisförmige, dachsbreite Rinne aber brachte ihn auf eine Idee, wie die Erde wohl nach oben geschafft worden sein könnte. In seinem großen „Thierbuch" hielt er fest:

... unter und in dem Erdreich hat der Dachs sein Nest oder Höle und wann sie ihre Hölen graben, so legen sie einen unter ihnen auf dem Rücken, beladen ihn mit dem so sie auß der Hölen gegraben haben, fassen hernach ihn mit dem Maul bey den Füßen und ziehen ihn herauß, und thun das so offt, bis sie ihre Wohnung weit genug gebaut haben. Dieses Thier hat ein solch dick und hart Fell, dass es keinen Hauen weichet ...

Beim Verfassen seiner Aufzeichnungen hat Gesner in Gedanken die Dachse bereits gemeinsam arbeiten sehen. Vielleicht kannten sie ja in früheren Zeiten schon so etwas wie Teamarbeit. Heute allerdings ist jeder Dachs allein für seine Arbeit verantwortlich. Übrigens nennt man diese Rinne auch „Schleifrinne". Diese Bezeichnung hat für Gesner, aber auch für unser heutiges Wissen seine Berechtigung. Nach Gesner wird der mit Erde beladene Dachs nach oben geschleift, nach unseren heutigen Kenntnissen aber das Erdhäufchen, das der Dachs rückwärtsgehend mit den Vorderpfoten hinter sich herzieht. In diesem Zusammenhang sei auch mein wertvollster literarischer Besitz erwähnt. Ein handgeschriebenes, umfangreiches Buch über „Weydwerk, Tiere und Wald", verfasst im Jahr 1716 von einem „in Weydwerk verliebten

Actäon", einem meiner Vorfahren. Auch er hat im Kapitel „Vom Dachs" diesem viel Aufmerksamkeit gewidmet und auch die tatsächliche Entstehung der Schleifrinne beschrieben.

Zurück in die Gegenwart. – Es ist jetzt also sicher, dass der Wiesenbau wieder bewohnbar gemacht wird. Wer von beiden hier tätig war oder ob alle beide, ist unwichtig. Maßgebend, es sind Diggi oder Bilbo, da habe ich keinen Zweifel. Vielleicht kann mir das Quinze ja bestätigen. Wo steckt sie überhaupt? Trotz mehrmaligem, freundlichem Rufen, nichts. Also den befehlenden Doppelpfiff. Aber auch er schafft den Hund nicht herbei. Ungewöhnlich, denn darauf reagiert sie sofort – meistens. Vielleicht ist sie aber schon an anderer Stelle am Prüfen, denn der Bau besitzt fast ein Dutzend Eingänge. Das Suchen und Finden ihrer Jugendfreunde, auch wenn zwischen ihnen kein Kontakt mehr besteht, scheint ihr noch immer Freude zu bereiten. Jetzt vernehme ich auch ihr leises Winseln, sie hat sie entdeckt. Die Höhlenluft aus einer mir bisher noch verborgenen, halb versteckten Nebenröhre hat sie ihr verraten. Freude bei ihr und auch bei mir, obgleich ich von der Anwesenheit der Dachse schon überzeugt war. Vermutlich sind auch beide im Bau, denn die Tagesruhe, soweit ich das bisher feststellen konnte, halten sie immer zusammen. Aber das werde ich in den kommenden Nächten sicher erfahren. Ich rufe Quinze zu mir, um sie für die gute Nachricht zu loben. Dabei geht ihr Blick sofort zum Rucksack. Das weiß sie schon lange, ein großes Lob ist immer mit etwas Schmackhaftem verbunden.

Noch ist es nicht Mittag. „So, Quinze", die neben mir sitzt, „jetzt machen wir noch einen Besuch in der Felshöhle". Bei dem Wort „Felshöhle" schaut sie mich mit großen bernsteinfarbenen Augen erwartungsvoll an, freudig dabei mit dem Stummelschwänzchen wedelnd. Und als ich frage „Wohin?" geht ihr Blick sofort hinüber zur Hochkanzel. Verbindet sie doch das unzählige Male gehörte Wort „Felshöhle" immer mit weiten, langen Streifzügen. Wunderbar unser Zwiegespräch. Wie arm doch die Zeitgenossen sind, die nie die Freundschaft und Anhänglichkeit eines Hundes erleben konnten oder es auch nicht wollen. Zügig geht es durch den Moorgraben, dann aber etwas langsamer den steilen Anstieg durch den Fichtenbestand hinauf zur Hochkanzel. Vor Wochen war ich das letzte Mal hier oben, um einen Blick in die Felshöhle zu werfen. Nicht einmal das frisch eingebrachte Heu konnte meine nächtlichen Freunde zur Tagesruhe hierher bewegen. Und jetzt, nachdem sie so intensiv im Wiesenbau arbeiten und dort auch ruhen, wird sich hier oben vorerst überhaupt nichts tun. Auch heute, nach aufmerksamer Kontrolle rund um das kleine Felsmassiv, nichts an Spuren, keine Pfotenabdrücke, keine aufgekratzte Erde und was sonst noch so auf die Anwesenheit von Dachsen hindeuten könnte. Einmal sehen, wie es drinnen aussieht. Halt, fast hätte ich unweit vom Kriechgang das Kothäufchen in einer kleinen Erdmulde übersehen, eindeutig vom Dachs. Die Geruchsprobe bestätigt es auch – typischer leichter Teergeruch und auch nur wenige Nächte alt. Stammt es nur von einem Ausflug zum Hochaltar, oder ist die Felshöhle etwa mit im Spiel? Den Rucksack voran schiebe ich mich langsam durch den dunklen, kühlen Kriechgang. Von strengem Dachsgeruch ist nichts zu spüren, nur zunehmend noch angenehmer Heuduft, je näher ich dem Höhlenraum komme. Leise melde ich mein Kommen, sollte doch einer drinstecken. Doch nichts, nur leeres Heu, das den ganzen Höhlenboden bedeckt. Noch etwas weiter hinein, um die Höhle besser auszuleuchten.

Ich meine mich zu erinnern, dass bei der letzten Höhlenkontrolle das Nestmaterial gleichmäßig locker aufgetürmt über die ganze Höhle verteilt war, nun aber eine größere, zusammengedrückte Vertiefung aufweist. Kein Zweifel, draußen das Kothäufchen und diese Vertiefung hängen zusammen. Einer oder gar beide meiner Dachse, denn dass sie es waren, ist klar, haben sich mindestens einmal hier zur Tagesruhe eingefunden. Nicht ungewöhnlich unter Dachsen, auch einen anderen unbewohnten Bau kurzzeitig zu nutzen. Vielleicht ist ja auch der Wiesenbau durch die derzeitigen Umbauarbeiten nicht sonderlich wohnlich. Jetzt weiß ich aber, dass mein Angebot „Felshöhle“ nicht grundsätzlich abgelehnt wird. Der Umweg über die Hochkanzel hat sich also gelohnt, für mich und auch den Hund.

Um mich zu überzeugen, dass auch wirklich beide im Wiesenbau sind, das konnte Quinze mir ja leider nicht mitteilen, setze ich mich gleich am Abend dort an. Bald ist auch diese Ungewissheit ausgeräumt. Als Erster verlässt Bilbo den Bau über die zweite Röhre und kurz danach auch Diggi. Meine Hoffnung hat sich damit erfüllt. Sie bleiben also im Hofjagen.

Eigentlich wollte ich mich nun mehrere Nächte dort ansetzen, um etwas von ihren Erdarbeiten mitzubekommen. Doch ihre unregelmäßigen Arbeitszeiten machen ein geplantes Ansitzen nicht gerade leicht. Deshalb habe ich das zurückgestellt und werde mich erst einmal um ihre territorialen Arbeiten kümmern. Zum Wiesenbau gehört natürlich auch ein Territorium. Es muss sich um den Bau herum ausbreiten und so groß sein, dass Diggi und Bilbo ausreichend Nahrung darin finden. Während der Nahrungssuche beginnen sie nach und nach, Lage und Größe ihres zukünftigen Territoriums festzulegen. Der Verlauf seiner Grenze wird besonders durch Grenzstellen bestimmt, die in größeren, unregelmäßigen Abständen zueinander angelegt werden. Welche Arbeiten wer dabei übernimmt, ist nicht geregelt, eine strenge Arbeitsteilung gibt es bei Dachsen nicht. Es scheint aber, dass der Rüde, also Bilbo, doch mehr für die Grenzgestaltung verantwortlich ist, während Diggi das Übrige übernimmt. Auf den Grenzverlauf ihres zukünftigen Besitzes bin ich gespannt. Denn ein kleiner Teil des Hofjagens liegt schon im Territorium des benachbarten wilden Dachspärchens. Es bewohnt seit sechs Jahren den Hangbau im Moosholz, unweit der Bachweide. Bevor Diggi und Bilbo ins Forsthaus kamen, hab ich mich schon längere Zeit mit diesen wilden Nachbarn beschäftigt. Dem Rüden begegnete ich sehr oft im Hofjagen, der Fähe seltener. Der Aktionsbereich von Fähen ist in der Regel auch um einiges kleiner als der der Rüden. Da der Nachbarrüde in meinem Dachsabenteuer ab und zu auch eine kleine Rolle übernimmt, in Gesprächen also oft erwähnt wird, gaben wir ihm den Namen „Max“. So weiß jeder auch gleich, von welchem Dachs die Rede ist. Was ich im Laufe der Zeit so an Einzelheiten beobachten konnte, legte die Vermutung nahe, dass ein kleiner Teil des Territoriums von Max sich also auch ins Hofjagen hineinzieht. Wie weit aber? Und wo verläuft die Grenze? Wissenschaftlich ermittelt man das, indem man den Dachsen Halsbänder mit Sender anlegt und so ihren Aktionsradius in etwa feststellt. Aber so genau konnte und wollte ich das auch nicht ermitteln. Mir genügte zu wissen, wo ungefähr dieser Grenzbereich im Hofjagen entlangführen könnte. Es galt also, nach für mich sichtbaren Grenzsteinen, den Grenzstellen der Hangbaudachse zu suchen, eine Sisyphusarbeit. Sie sind meist unscheinbar, und wo sollte ich überhaupt damit beginnen? Ich wusste nur, dass mir Max oft in der Hanglage zwischen Fuchsheck und Teufelsschlucht begegnete. Da half wieder einmal der Zufall aus. Ich war vom nächtlichen Ansitz am Hangbau längs der Bachweide auf dem Heimweg und nahm die Abkürzung über die Wolfsschlucht. Im Mondlicht sah ich in einer Schneise auf etwa dreißig Schritt die Umrisse eines Dachses, der irgendwie am Graben war. Der Wind stand günstig, also vorsichtig noch näher heran. Mit dem Nachtglas gut zu erkennen das Ausgraben einer kleinen Erdgrube, über der er mit dem Hinterteil einen Moment stehenblieb und dann verschwand. Das sah mir doch ganz nach Grenzarbeit aus, also neugierig schnell hinüber. Tatsächlich, eine Grenzstelle. Zwar nur mittelgroß, mit ein Dutzend handtiefer Markierungsgruben. Zwei davon waren frisch aufgekratzt, ohne Kot. Die hatte Max, kein Zweifel, dass er es war, eben angelegt und Sekrettröpfchen darin hinterlassen. Sie informieren Artgenossen, dass hier die Grenze seines Besitzes verläuft.

Mit solchen Markierungsgruben grenzen Dachse ihr Territorium ab.

Damit hatte ich einen ersten groben Hinweis, wo ungefähr nach weiteren Grenzstellen zu suchen war. Sie können nah, aber auch in größeren Abständen zueinander liegen. Grenzstellen haben die gleiche Funktion wie Grenzsteine, sind aber unspektakulär und schlecht auszumachen. Der unwissende Wanderer wird in ihnen nur Erdlöcher vermuten, die irgendein Tier gegraben hat, um Nahrung zu suchen. Doch es sind in diesem Fall wichtige Geruchsdepots zur Verständigung der Dachse untereinander. Über ein Jahr haben wir, Quinze und ich, zeitweise die entlegensten Ecken im Nordwesthang um Bachweide und Weidegang durchforstet. Nur fünf solcher Grenzstellen fanden wir, die wohl alle von Max angelegt worden waren. Es durften ja auch keine alten, sondern nur ganz aktuelle mit immer einmal wieder frischen Erdgruben sein. Im Laufe der Zeit hat er zwei seiner Grenzstellen ganz vernachlässigt, dafür aber zwei neue Grenzstellen angelegt. Damit hat Max sein Territorium etwas vergrößert oder verschoben. Das Nahrungsangebot hat ihn dazu veranlasst. Auf eine sechste Grenzstelle hat mich später Diggi aufmerksam gemacht. Diese sechs Grenzstellen wurden in den Übersichtsplan vom Hofjagen in Rot eingetragen *(siehe Seite 69)*. Damit hatte ich einen ungefähren Grenzverlauf vom Territorium der benachbarten Hangbaudachse im Hofjagen. Solche Grenzstellen müsste ich nun auch von meinen beiden Dachsen haben, um damit Lage und Größe ihres zukünftigen Territoriums in diesen Übersichtsplan eintragen zu können. Das dürfte weniger schwierig sein, als Grenzstellen zu suchen. Ich muss Bilbo nur möglichst viel folgen, um zu sehen, wo er die eine und andere seiner Grenzstellen anlegt. Nicht jede Nacht befasst er sich aber mit Grenzarbeiten. Da geht für mich viel Zeit verloren, die ich gern zum Ansitzen am Wiesenbau genutzt hätte. „Du könntest aber“, so die Hausfrau, „in dieser Zeit am Bau die Videokamera ansetzen“. Ein guter Vorschlag. Ich habe gar nicht mehr an die Kamera gedacht, arbeite eigentlich ungern mit ihr. Bei meinen so vertrauten Kumpanen möchte ich möglichst immer live zugegen sein. Aber in diesem speziellen Fall ist das gar nicht so schlecht. Noch am selben Tag wird die Kamera in der Nähe der Haupteinfahrt an einem Baum befestigt. Zwei Meter hoch, zur besseren Sicht auf die Schleifrinne und natürlich der Neugier meiner Dachse wegen, die schon oft Stativ und Kamera zu Fall gebracht haben. Über eine Zeitschaltuhr und einen Bewegungsmelder wird die Kamera von acht Uhr abends bis sechs Uhr morgens aktivgeschaltet. Gespannt, was mein heimlicher Agent später alles zu berichten weiß.

Dass mich nun Bilbo nicht gleich zu einem Ort führt, wo er vorhat, eine Grenzstelle anzulegen, ist mir klar. Überall sind wir unterwegs, häufig wechselt er die Nahrungsgründe, und das nicht selten im zügigen Trab. Anstrengend für mich, mehrere Nächte ziellos hinter ihm herzulaufen. Sicher hat er, alleine unterwegs, schon irgendwo die eine und andere Grenzstelle angelegt. Er wird mich auch zu ihnen führen, denn sie werden im Jahr mehrmals aufgesucht.

Nach zwei Ruhenächten, die ich mir nach mehrfach anstrengenden Streifzügen mit ihm genehmigt habe, sitze ich heute, wartend auf ihn, wieder am Wiesenbau. Er ist Frühaufsteher, erscheint manchmal eine halbe Stunde vor Diggi. Das ist bei den Dachsen allgemein so üblich. In der Nebenröhre wird er sichtbar, bleibt argwöhnisch stehen, tritt dann aber gleich heraus, als ich ihn leise rufe. Die Treppenhausepisode scheint vergessen zu sein. Sich kurz den Höhlenstaub aus dem Pelz schüttelnd, ist er dann eilig zur Böschung unterwegs, keine achtzig Schritt weit. Vor einigen Tagen hatte ich dort die neue „Wiesenbautoilette" entdeckt. Die alte, unten an der großen Waldwiese, wird nur noch selten aufgesucht. Auch den Kot setzen beide in selbstgegrabenen handtiefen Gruben ab, mehrmals manchmal in ein und derselben, die aber alle offen bleiben.

Neben dem Hauptpfad, auf dem es gleich weitergeht, hinterlässt er zuvor noch stempelnd seine Duftmarke, die erste in dieser Nacht. Viele Male wird Bilbo das in den kommenden Stunden noch tun. Ein ausgewachsener Rüde wurde die ganze Nacht in seinem Territorium einmal genau beobachtet. Fast tausend Mal hat er sich in dieser Zeit zum Stempeln hingesetzt. Das zeigt doch, wie wichtig diese weitverteilten Duftpunkte im durchstreiften Gebiet für den Dachs sind. Sie vermitteln Sicherheit, beruhigen, wenn er später wieder daran vorbeikommt, und sie sind auch Hinweis für fremde Artgenossen. Nach zweihundert Metern wird der Pfad durch die Murr unterbrochen. Ein sonst gemütlich dahinplätschernder Waldbach, hat er sich zur Zeit etwas ausgebreitet und ist auch ein wenig tiefer geworden. Einen Augenblick steht Bilbo still davor, so hat er ihn wohl noch nicht erlebt.

Bisher konnte er ihn immer gut durchlaufen, und jetzt? Er folgt dem Ufer, sucht nach einer Lösung. An mehreren Stellen scheint er zu testen, ob er ihn überspringen kann. Er geht aber lieber auf Nummer sicher und nimmt den in Bachmitte liegenden alten Baumstamm als Zwischenstation zu Hilfe. Von dort ein kräftiger, aber wenig eleganter Sprung und auch noch zu kurz, das Hinterteil landet im Wasser. Unbeeindruckt, zieht er sich mit den Grabkrallen aber sofort heraus, schüttelt das Nass aus dem Pelz und ist wieder auf dem anderen Teil des Pfades unterwegs. Bevor der Steilhang beginnt, teilt der sich in drei kleinere Steige. Ich bin gespannt, welchen er heute nimmt. Teufelsschlucht? Köhlersgrund? Wolfsschlucht? Ohne Zögern biegt er auf dem letzteren ab. Wird wohl wieder nichts mit einer Grenzstelle heute, denn dort beginnt ja schon der Besitz unserer wilden Nachbarn. Unten in der Schlucht verschwindet er für einige Zeit zwischen dem dichten Adlerfarn, löst von den alten Eichen grobe lockere Rinden, wohl auf Suche nach dicken Bockkäferlarven, und nimmt sich noch den unbewohnten Nebenbau vor. Ich klettere schnell hinunter, um ihn am anderen Bauende in Empfang zu nehmen. Sein Kopf schiebt sich durch die Ausfahrt, hält dann aber einen Moment inne. Die kleinen Ohrmuscheln aufgestellt, die Nase schnüffelnd in Bewegung. Er scheint überrascht, mich plötzlich auch hier zu sehen, zumindest deute ich so seine Mimik. Ohne mich aber weiter zu beachten, verlässt er den Bau und streift wie suchend durch die Schlucht. Vielleicht doch nach dem passenden Ort für eine Grenzstelle? Dort, an dem steinigen Hohlweg, der hinaus zur Bachweide führt? Keinesfalls, da ist bereits fremdes Territorium! Und dort liegt auch die Grenzstelle von Max, die ich damals zufällig durch ihn selbst entdeckte.

Dumm gelaufen.
Ein zu kurzer Sprung, und schon ist das Hinterteil nass.

An der großen Kiefer bleibt Bilbo stehen und stellt sich, mit den Vorderpfoten abstützend am Stamm, senkrecht an ihm auf. Ein Kratzbaum? Ist mir hier in der Wolfsschlucht noch gar nicht aufgefallen. Durch Bilbo lerne ich eben auch manche besonderen Gepflogenheiten seiner Art kennen. Kratzbäume der Dachse findet man meistens in der Nähe ihrer Baue. Vielleicht im Spiel oder aus dem Bedürfnis heraus, die Grabkrallen einem festeren Druck auszusetzen, bedient man sich solcher Bäume. Tiefe Kratzspuren aber auch hier an einem Baum mitten im Wald. Die stammen ganz sicher von Max, in dessen Territorium, zumindest aber im Grenzbereich, die Kiefer steht. Auch über Pfotenballen hinterlassen Dachse ein Sekret, das in Schweißdrüsen unter der Pfotenhaut erzeugt wird. Ob Max nun mit Kratzen der Grabkrallen hier gezielt eine Art Markierung hinterlassen wollte oder ob sie nur zufällig während seiner Krallenpflege hängengeblieben ist, das bleibt eines der vielen unlösbaren Geheimnisse. Auf jeden Fall hinterlässt jetzt auch Bilbo auf die gleiche Art und Weise seinen Pfotenduft. Ungeachtet des steinigen, langen Hanges, verlässt er jetzt im Trab wieder die Schlucht. Für mich gar nicht so einfach in diesem zerklüfteten Waldteil, ihn nur mit der Stirnlampe immer unter

Am Kratzbaum.
Kratzbäume der Dachse findet man meistens in der Nähe der Baue.

Kontrolle zu haben, denn das Mondlicht ist durch die vielen Wolken recht unzuverlässig. Auf halber Höhe hält Bilbo plötzlich an und orientiert sich gespannt hinüber zur Bachweide. Wahrscheinlich hat er von Max Wind bekommen, der dort sicher auch unterwegs ist. Oben am Rand der Schlucht bewegt sich Bilbo langsam durch den Fichtenwald, die Nase ständig schnüffelnd am Boden. Hin und her bewegen sich dabei die Tannennadeln an seiner feuchten Nasenspitze. An zwei kleinen Erdgruben bleibt er stehen und hält nacheinander in jede einen kurzen Moment die Nase – er liest. Es sind Markierungsgruben. Von ihm oder von Max? Ich vermute von Bilbo. Er hebt halbkopftief schnell eine weitere Grube aus, stellt sich mit dem Hinterteil darüber und benetzt sie mit Sekrettröpfchen aus seiner Drüse. Dabei scharrt er abwechselnd mit beiden Hinterpfoten, damit die fallenden Tröpfchen auch gut in der Grube verteilt werden. Dann nimmt er noch eine Geruchskontrolle, wohl um zu prüfen, ob seine hinterlassene Botschaft auch richtig und lesbar ist. Wichtig in Anbetracht der nahen Grenzstelle von Max. Die erste Grenzstelle von Bilbo ist mir nun bekannt.

Über Monate bekomme ich nach und nach von ihm gezeigt, wo überall er noch solche Grenzstellen anlegt oder bereits angelegt hat. Besonders an Kreuzungen von Waldwegen und Pfaden, an Waldecken, aber auch mitten im Wald. Manchmal setzte er in einer der Gruben auch seinen Kot ab, aber selten. Grenzstellen sind ja auch keine Toiletten, diese befinden sich in der Regel immer in Nähe des Baues.

Elf seiner Grenzstellen *(grün)* hat Bilbo mir bisher präsentiert, die nun gleichermaßen in den Plan eingetragen wurden. Mir scheint nun annähernd Lage und Größe des Territoriums von Bilbo und Diggi bekannt zu sein. Oben im Köhlersgrund liegen zwei Grenzstellen von Bilbo und Max, ziemlich nah beieinander. Was ich später dort beobachten konnte, veranlasste mich, diese beiden Grenzstellen zusammen, als „große Grenzstelle“ zu bezeichnen. Die durchschnittliche Größe von Territorien für ein Pärchen liegt in unseren Breiten zwischen 140 bis 170 Hektar. Ich war überrascht, dass meine ermittelte Größe von 160 Hektar, wenn auch mit einigen dicken Fragezeichen versehen, doch diesen offiziellen Werten entspricht. Das Territorium der Hangbaudachse aber zieht sich noch weiter nach rechts zum Dorf hin.

Es war eine lange, anstrengende und oft auch erfolglose Zeit, Bilbo hinsichtlich seiner Grenzstellen zu begleiten. Zwischendurch war ich die eine und andere Nacht auch mit Diggi unterwegs. Nur, ihre Tätigkeiten sind weniger aufschlussreich, geht es bei ihr zur Zeit doch im Wesentlichen nur um Nahrungsbeschaffung.

Bei aller Begeisterung, Abenteuerlust und Wissensdrang, nach den vielen schlaflosen Nächten brauche auch ich eine kleine Auszeit. Liegengebliebene Hausarbeiten werden erledigt,

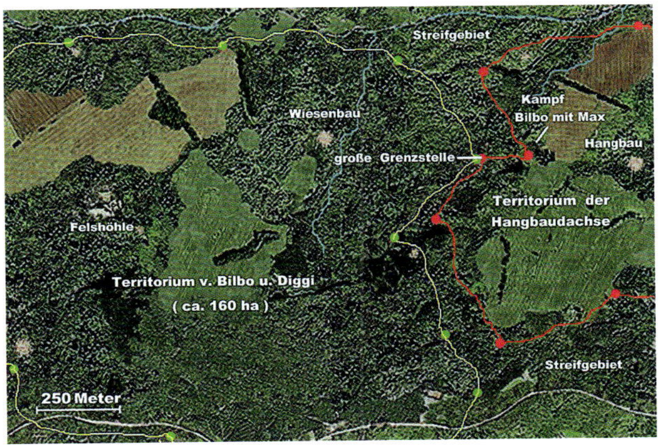

Grenzstellen.
Die Karte zeigt die Grenze zwischen dem Revier von Bilbo und Diggi und dem Revier der Hangbaudachse. Dachsreviere sind oft um die 150 Hektar groß.

So entsteht die Schleifrinne am Dachsbau: Der Abtransport der Erdhaufen wird abwechselnd mit beiden Vorderpfoten und rückwärtsgehend bewerkstelligt.

und in Ruhe kann ich mich nun auch den Aufzeichnungen der Videokamera vom Wiesenbau widmen. Leider bin ich mit den Ergebnissen nicht zufrieden. Zwei Mal Erdtransport aus beiden Haupteinfahrten und ein Mal Freigraben einer eingefallenen Nebenröhre durch Bilbo sowie drei Mal Transport von Gras über den Pfad und am Bau durch Diggi. Wie die eingeblendeten Daten zeigen, fanden die Arbeiten in verschiedenen Nächten, aber immer in der zweiten Nachthälfte statt. Qualität der Aufnahmen aber, wie vorausgesehen, weniger gut. Dort muss, da es zur Zeit die einzigen Dokumentationen dieser Art sind, durch nachträgliches Bearbeiten etwas nachgeholfen werden, ohne aber Wesentliches zu verändern. Ich werde aber zu gegebener Zeit versuchen, auch bei diesen Arbeiten am Bau zu sein. Weiß ich doch jetzt, wann und wo vorzugsweise dort gearbeitet wird. Das Videobild zeigt aber, wie Bilbo die Erde aus dem Bau nach draußen transportiert und dabei auch die so auffallende Schleifrinne entsteht. Den Erdhaufen, etwa so groß wie ein Fußball, gehalten zwischen Kopf und Brust, zieht er mit den Vorderpfoten, rückwärtsgehend, hinter sich her. Oben, am Ende der Rinne, lässt er ihn liegen.

Mehr Glück beschert mir Diggi einige Nächte später. Ich bin am Tag mit Quinze unterwegs und entdecke auf der großen Waldwiese, unterhalb vom Wiesenbau, am Waldrand zufällig zwei trockene, lockere Grasballen, ebenfalls so groß wie ein Ball. Nestmaterial der Dachse. Wer hat hier aber schon vorgesorgt, Diggi oder Bilbo? Auf dem hundert Meter langen Pfad von der Wiese hinauf zum Bau liegen bereits verteilt einzelne Grashalme und Blätter. Man hatte also auch schon einiges davon in den Bau geschafft. Grund genug für mich, gleich am heutigen Abend sich hier anzusetzen, auch wegen der zwei bereits fertigen Grasballen. Nach den Videodaten ist dafür wohl die Zeit nach Mitternacht günstig. Doch sitze ich bereits zwei Stunden früher unten am Waldrand. Von hier ist der Teil des Pfades, an dem die Kamera steht, gut einzusehen und auch die beiden Grasballen in der Wiese. Mitternacht noch nicht vorüber. Da kommt Diggi oben vom Bau langsam im Trott den Pfad herunter. Noch ist sie nicht an mir

Grasballen-Transport zum Bau. Auch hier erfolgt der Transport im Rückwärtsgang, abwechselnd die beiden Vorderbranten einsetzend.

vorbei, da bleibt sie plötzlich gespannt stehen, setzt dann aber ihren Weg fort und verschwindet in der Wiese. Dort höre ich sie kratzen und wohl auch Gras rupfen. Etwa zwanzig Minuten später taucht sie rückwärtsgehend wieder auf, einen frisch geernteten Grasballen hinter sich herziehend. Wie Bilbo beim Erdtransport, nimmt auch sie abwechselnd beide Vorderpfoten zu Hilfe. Mit dem Fang hält sie den Ballen zusammen. Hundert Meter bergauf liegen vor ihr. Aber auch rückwärts mit Ballen ist sie recht flott und folgt dabei immer genau dem Pfad. Zwei Mal transportiert sie in dieser Nacht noch solch einen Grasballen in den Bau.

Bilbo und Diggi haben mir nun gut demonstriert, wie ihre wichtigen Außenarbeiten am Wiesenbau ablaufen. Sicher, nichts Spektakuläres, aber auch nicht uninteressant. Man lernt eben nie aus.

Zwischen Bachweide und Weidegang führt ein vom Moosholz kommender Wildpfad hinüber zum Köhlersgrund und der Teufelsschlucht. Ab dem Waldrand an der Bachweide windet er sich in einer schmalen, steilen, teils felsigen Schlucht nach oben. Schon lange wollte ich dort auf das Plateau einen höheren Sitz stellen, um die Schlucht bis unten gut überblicken zu können. Die Dachse kommen meist vom Hangbau auf diesem Weg ins Hofjagen, vorwiegend Max. Auch eine seiner Grenzstellen liegt auf dem Plateau, nicht weit vom geplanten Aufstellungsort des Hochstandes. Nachdem nun Diggi und Bilbo im Revier sesshaft sind, wird es Zeit, mit meinem Bauwerk endlich zu beginnen. Vielleicht kommt es hier ja auch zu Begegnungen zwischen den benachbarten Dachsen. Mit Blick bis hinunter zum Schluchteingang bekomme ich durch den Hochstand auch rechtzeitig Kunde von ihrem Kommen. Nach Absprache mit der Forstverwaltung werden im nahen Jungfichtenbestand entsprechende Stämme geschlagen, auf Länge geschnitten und zum Aufstellungsort transportiert. Nur ein einfacher Hochsitz ohne Dach, aber gute vier Meter hoch, das braucht seine Zeit. Am zweiten Abend melde ich die Fertigstellung nach Hause. Es dämmert bereits, als ich zwecks „Abnahme“ noch einmal hinaufsteige. Standsicherheit, bequemes Sitzen sind gefragt, und auch die Leuchtweite des Handscheinwerfers hinunter bis zum Eingang der Schlucht wird getestet. Die Grenzstelle von Max, mit den vielen Markierungsgruben, ist auch gut erkennbar. Nur die kleine von Bilbo, mehrere Meter daneben, ist nicht gut erkennbar, hat ja auch noch nicht so viele Markierungsgruben. Zufrieden und auch stolz, den Hochstand allein gesetzt zu haben, genieße ich das letzte Brot und den noch lauwarmen Tee. Alles Werkzeug wird im großen Rucksack verstaut, Stativ mit Kamera, die fast immer dabei ist, geschultert, und auf dem jetzt mondhellen Steig geht es schnellen Schrittes durch den Köhlersgrund Richtung Forsthof. Weit vor mir, im Halbschatten zwischen den Bäumen, fallen mir irgendwelche Bewegungen auf. Schnell Licht an, wieder aus – ein Dachs. Bilbo? Max? Diggi? Letztere schließe ich aus. Sie ist selten so weit im Revier unterwegs. Wieder Licht, und verhalten rufe ich „Bilbo?“ Sofort unterbricht der Dachs sein Tun und orientiert sich kurz in Richtung des Rufes. Max hätte sich längst im Galopp abgesetzt. Langsam nähere ich mich Bilbo, dabei mit ihm „redend“, dass er nicht auf dumme Gedanken kommen möge. Aber ich muss sagen, alle unsere gemeinsamen Grenzbegehungen verliefen bisher sehr friedlich. Stativ mit Kamera stelle ich einige Schritte von ihm auf und postiere mich mit Abstand neben ihm, um wieder einmal ein Bild von unserem gemeinsamen Grenzgang zu machen.

Kaum habe ich mich fotogerecht neben ihn gestellt, hört er sofort mit dem Graben auf und tritt zu mir. Ich sofort in „Abwehrhaltung“, er aber mit „freundlichen“ Gedanken, denn er drückt ganz ruhig nur seinen Stempel auf einen Stiefel. Ich bin beruhigt. Ist es Begrüßung oder Bestätigung, dass ich noch zu unserer kleinen Sippe gehöre? Das bleibt sein Geheimnis, doch ich habe auch nichts zu befürchten. Danach aber setzt er sich rasch auf dem Pfad nach oben zum Plateau, wo ich gerade herkam, in Bewegung. Eigentlich war ich froh gewesen, nach dem langen, nicht gerade leichten Arbeitstag auf dem Heimweg zu sein. Doch muss ich sehen, was Bilbo auf dem Plateau vorhat. Ist es eine routinemäßige Kontrolle seiner noch kleinen Grenzstelle? Also so schnell es noch geht hinterher.

Auf dem Plateau sehe ich gerade noch, dass er an seiner Grenzstelle vorbeiläuft und die weiter hinten liegende von Max betritt. Leider kann ich nicht erkennen, ob er dort eine Markierungsgrube anlegt, finde später auch keine frisch gegrabene, in der er für Max vielleicht eine Nachricht hinterlassen hätte. Bilbo steht jetzt am Waldrand, regungslos vor einem kleinen aus dem Boden ragenden Ästchen. Seine Nase berührt, viele Sekunden lang, dessen Spitze. Kein Zweifel, er liest eine von Max darauf abgesetzte Duftbotschaft. Und dann hinterlässt auch Bilbo darauf seine Markierung. Hat auch dieses Ästchen möglicherweise, wie die Markierungsgruben, die Funktion eines Briefkastens? Austausch von Informationen zwischen den beiden benachbarten Dachsen? Ich müsste speziell dieses Ästchen einmal mehrere Nächte im Auge behalten, auch wenn es, wie schon so oft, ein vergebliches Warten auf die Dachse wird. Durch den Hochstand habe ich jetzt aber die Gelegenheit, auch Max auf dem Plateau ungestört beobachten zu können. Die kommenden Nächte werden also dafür eingeplant.

Anfangs vergehen auch einige halb verregnete Ansitze, an denen sich auch nicht ein einziger Dachs zeigt. Nur laut brechendes Schwarzwild und mehrmals Reineke, heimlich und vorsichtig über das Plateau schnürend. Film- und Fotokamera müssen unverrichteter Dinge immer wieder abgebaut werden. Grenzstellen werden eben nicht allzu oft aufgesucht. Doch dann hat sich Diana endlich meiner erbarmt. Die Filmkamera überwacht das ominöse Ästchen, den Briefkasten, die Fotokamera aber die große Grenzstelle von Max. Beide Geräte stehen am Boden und werden durch Fernbedienung vom Hochstand ausgelöst. Das letzte Abendlicht über dem fernen Horizont ist langsam am Verglühen. Dunkelheit liegt schon unten über der Bachweide und wird bald auch das Plateau in Besitz nehmen. Ich lasse das Lampenlicht langsam nach unten durch die Schlucht gleiten. Dabei kommt mir die Teufelslegende des Ortes in den Sinn. Darin ist diese Schlucht als versteinerter Hohlweg beschrieben. Über ihn mussten die Köhler mit ihren Pferden die Baumstämme aus dem Moosholz für den Teufel heraufschaffen. Er besaß in der Teufelsschlucht auch einen Höllenausgang, der sich aber nur öffnete, wenn er davor ein riesiges Feuer entfachen konnte. Bei der Steigung des Hohlweges musste das für die Pferde eine arge Schinderei gewesen sein. Es konnte immer nur ein Pferd einen Stamm nach oben ziehen, denn der Hohlweg war und ist noch sehr schmal. Für das Feuer brauchte der Teufel aber eine Menge Holz.

Noch bin ich mit den Gedanken in der Vergangenheit, da sehe ich unten am Eingang der Schlucht die helle Kopfmaske eines Dachses. Langsam, sehr langsam bewegt er sich aufwärts. Jetzt macht sich mein erhöhter Ansitz bezahlt. Mit Sicherheit ist es Max. Will er weiter in den Köhlersgrund? Nein, auf Höhe des Plateaus steigt er aus der Schlucht, verharrt sichernd einen Moment und tritt langsam zu seiner Grenzstelle. Die Stirnlampe ist etwas gedrosselt, aber er ist noch gut zu erkennen. Prüfend hält er die Nase in einige seiner Markierungsgruben und legt dazwischen eine neue an. Der grelle Fotoblitz stört ihn überhaupt nicht. Zu oft wurde er damit ja schon konfrontiert, am Bau und im Revier. Er ist mein erster Wilddachs, den ich jetzt bei Grenzarbeiten beobachten und auch im Bild festhalten kann. Unbewegt plötzlich sein Blick hinüber zum Fichtenwald hinter dem Hochstand. Neugierig, was da wohl seine Aufmerksamkeit geweckt hat, wende ich mich vorsichtig ein wenig zur Seite und entdecke einen weiteren Dachs in gleicher starrer Haltung, natürlich Bilbo. Was für ein toller Zufall, das erste Zusammentreffen von Bilbo und Max in meiner Anwesenheit. Geduld bringt eben doch manche Überraschung!

Ich bin gespannt, wie sich das entwickeln wird. Sicher kennen sie sich schon durch vorausgegangene Begegnungen, zumindest auch durch ihre Duftbotschaften. Zehn, zwanzig Sekunden, in denen nichts geschieht. Fast gleichzeitig aber setzen sich beide in Bewegung. Schritt für Schritt gehen sie aufeinander zu, bis sie sich seitlich dicht gegenüberstehen. Jeder hält seinen Fang an den Pelz des anderen, ohne aber zuzupacken. Keine Drohlaute, nur bewegungsloses Abwarten. *(Siehe Foto nächste Seite!)* Wird Max, im Vordergrund, der Ältere und Erfahrenere, seine Überlegenheit zeigen? Ist er doch auch der Besitzer dieser Grenzstelle. Doch nichts passiert. Dann bewegen sie sich, nur wenige Schritt immer, im Zeitlupentempo nebeneinander her, gleichzeitig mit mehrfachem Wechsel. Max vorwärts und Bilbo rückwärts, dann wieder Max rückwärts und Bilbo vorwärts. Bei aller Spannung für mich, ist es doch sehr lustig anzuschauen, wie ein langsames Schrittspiel. Schade, dass ich hier nicht die Filmkamera aufgestellt habe, aber mit solch ungewöhnlichen Bewegungen, noch dazu auf der Grenzstelle, konnte ich nicht rechnen. Ihr ganzes Verhalten deutet aber darauf hin, dass sie sich nicht mehr so fremd sind. Immer wenn ich annehme, beide bewegen sich im Aufnahmebereich der Kamera, wird der Fernauslöser gedrückt. Fast der ganze Film geht dabei drauf, doch selbst die wenigen brauchbaren Aufnahmen rechtfertigten in einer solchen Situation den Aufwand. Etwa eine halbe Minute sind beide so miteinander beschäftigt. Dann lässt Max ganz plötzlich von Bilbo ab und verlässt die Grenzstelle. Bilbo aber, nach kurzem Zögern, kontrolliert die von Max eben angelegte Grube, und jetzt bekomme ich es bestätigt, denn er legt auf der Grenzstelle von Max selbst eine Markierungsgrube an. Sicher dienen sie in erster Linie der Besitzanzeige. Doch bedienen sich benachbarte, befreundete Dachse ihrer wohl auch zur allgemeinen Kommunikation untereinander. Vielleicht liegt es auch daran, dass die Grenzstellen von beiden hier nicht weit auseinanderliegen. Seit diesen Beobachtungen bezeichne ich beide Grenzstellen nun zusammen als „Große Grenzstelle“.

Hochspannung, aber keinerlei Feindseligkeiten:
das erste Zusammentreffen von Bilbo und Max …

Bei aller Aufmerksamkeit für Bilbo habe ich auch Max weiter im Auge behalten. Er ist jetzt an das ominöse Bodenästchen getreten. Bedächtig beschnüffelt er es mehrmals von oben nach unten und wieder zurück. Welche Botschaft wird Bilbo dort für ihn wohl hinterlassen haben? Ist es Hinweis auf beginnenden Besitz oder nur üblicher Austausch zwischen befreundeten Nachbarn? Der Duftaustausch zwischen Dachsen ist so vielseitig. Schade, dass wir ihn nicht entschlüsseln können. Auf jeden Fall dreht sich Max jetzt so weit herum, dass sein Hinterteil, der Schwanz ist angehoben, die obere Spitze des Ästchens berührt. Ohne die kleinste Korrektur vornehmen zu müssen, trifft seine rötliche schlitzförmige Öffnung der Drüsentasche punktgenau das Astende. Ein überaus treffsicherer Stempel, und das im Rückwärtsgehen. Ich bin beeindruckt von dem exakten Vorgang, denn so habe ich noch nie einen Wilddachs stempeln sehen. Auch Bilbo hatte ich dabei im Bild festgehalten. Ein Rascheln unter dem Hochstand lenkt mich aber etwas ab, sodass ich zu spät den Fernauslöser der Filmkamera gedrückt hatte. Mehr als ärgerlich, für die entscheidende Sequenz hat es aber gerade noch gelangt. Bilbo, eben noch unter dem Hochsitz, ist auf dem Weg zum markierenden Max. Der hat aber danach schnell das Plateau verlassen. Ob Bilbo nun auch sofort auf die Markierung von Max antwortet? Dann läge ich mit der Bezeichnung „Briefkasten" vielleicht richtig. Doch bevor es dazu kommt, rutscht mir die Handlampe, mit der ich dem Abgang von Max gefolgt bin, aus der Hand, sie schlägt laut auf einer der Leitersprossen auf und fällt mit dumpfem Schlag auf den Boden. Das ist selbst für Bilbo zu viel, der galoppierend und laut schnaufend schnell in der Dunkelheit verschwindet. Schade, hätte gern noch den Nachrichtenaustausch zwischen den beiden bis zum Ende verfolgt. Trotzdem, der überraschende Auftritt beider Dachse mit ihrem Verhalten zueinander war für mich wieder ein Höhepunkt, und über die Kommunikation habe ich auch wieder einiges dazugelernt.

Welchen Aufwand Dachse beim Absetzen ihrer Duftstoffe doch betreiben! Vielleicht beinhalten sie an bestimmten Stellen im Revier auch unterschiedliche Informationen für Artgenossen? Man könnte es vermuten. Mir bleibt nur die Möglichkeit, diese zu beobachten, wie und wo sie ihre Markierung überall hinterlassen. Glücklich über die neuen überraschenden Eindrücke steige ich vom Hochstand, packe alles zusammen und mache mich nun endlich, mehr wie abgespannt, auf den langen Heimweg.

Sechstes Kapitel

Nicht immer friedliche Nachbarschaft

Alle zwei Jahre findet im Dorf das Heimatfest statt. Heuer ist es wieder soweit. Die Vereine, große wie kleine, sind mit Vorbereitungen vollauf beschäftigt, jeder möchte sich ja im besten Licht der Öffentlichkeit präsentieren. Wie immer bekomme ich von Claus, der auch hier mit im Vorstand sitzt, für die Festeröffnung eine persönliche Einladung. Diesmal ist sie mit einem Wunsch an mich verbunden. „Der Verein", sagt mir Claus, „ist zur Zeit dabei, einen Film über die Geschichte des Dorfes zusammenzustellen. Dazu hätte man gern noch einige Filmsequenzen und ein paar Fotos von dem kleinen, romantisch zwischen Waldbergen eingebetteten Dorf. Schön wären Abendaufnahmen, da die zu dieser Zeit angestrahlte Kirche auch ein besonderer Blickfang ist. „Für dich als Nachtmenschen", lächelnd fragend schaut er mich an, „doch sicher kein großer Umstand. Oben von der Priesterhöhe, wo der halbzerfallene Hochstand steht, hat man einen wunderbaren Blick hinunter zum Dorf und der Kirche, du kennst sicher den Platz. Allerdings brauche ich die Aufnahmen in zwei Wochen. Schau einmal, was da zu machen ist, ich wäre dankbar für deine Hilfe".

Keine Frage für mich, denn Claus ist immer zur Stelle, wenn ich seinen Rat, sein handwerkliches Können und gelegentlich auch seinen Traktor brauche. Auch lässt er mir im Hofjagen, einem seiner Jagdreviere, nach Absprache völlige Freiheit mit meinen Dachsen. Eine wertvolle Basis für uneingeschränkte, nächtliche Langzeitbeobachtungen. „Nur die kurze Zeit, die du mir dafür gibst, bereitet mir etwas Kopfschmerzen, du weißt, ich arbeite nicht gern unter Zeitdruck. Aber dir zuliebe, es sei versprochen."

„Prima, wirst in der Festrede, die ich halten muss, auch erwähnt. In den kommenden drei Wochen brauchst du im Revier keine Rücksicht auf mich nehmen, bin anderweitig völlig eingespannt. Gutes Licht also, ich sorge dafür, dass die Kirche auch zwei Stunden länger angestrahlt wird." Er nickt mir noch zu und setzt seinen Weg fort, im Dorf hat er es immer eilig.

Eigentlich wollte ich mich in den kommenden Nächten wieder einmal Diggi auf ihren Streifzügen anschließen. Sie wurde, durch meine vielen Grenzgänge mit Bilbo in dieser Zeit recht stiefmütterlich von mir behandelt. In Anbetracht des Wunsches von Claus werde ich aber lieber erst das erledigen. Mehrmals musste ich schon festgelegte Termine durch unvorhergesehene Ereignisse meiner nächtlichen Gefährten verschieben oder absagen. Claus, dem ich viel verdanke, möchte ich aber nicht hängenlassen. Also, gleich heute hinauf zur Priesterhöhe, der Himmel zeigt sich ja auch recht freundlich. Drei Stunden vor Sonnenuntergang mache ich mich bereits auf den Weg. Der Rucksack schwerer als sonst, denn neben den ständigen Geräten kommen noch Filmkamera, Tonbandgerät und großes Stativ hinzu.

Vom Forsthof verläuft der schmale, ebene Pfad durch halbhohes Buschwerk, steigt nach dem Weiher erst unmerklich, dann aber recht steil im Priesterwald an. Mit 570 Meter Höhe ist er die zweithöchste Erhebung im Hofjagen. Da kommt man schon ordentlich ins Schwitzen. Doch keine Stunde, dann ist es geschafft. Lange war ich nicht mehr hier oben. Weit geht der Blick über das Moosholz zum Horizont, dem die Sonne sich bald anvertraut. Unten im Tal liegt das kleine überschaubare Dorf mit seinem schlank aufstrebenden Kirchturm, bereits im zarten Dämmerlicht. Noch fehlt ihm aber seine von Claus versprochene Erleuchtung. Zeit also, um alles Nötige vorzubereiten und auch die zauberhafte Abendstimmung in einigen Fotos festzuhalten. Auf der mit Moos überzogenen Wurzel, gleich neben dem altersschwachen Hochsitz, nehme ich Platz und lasse den langsam ausklingenden Tag auf mich wirken. Welch ein Wohlgefühl, in dieser luftigen einsamen Stille innezuhalten, sich zu besinnen und nachzudenken.

In weit zurückliegender Vergangenheit, wie in der Kirchenchronik des Dorfes vermerkt, fanden hier auf dem Gipfel kleine Prozessionen statt. So kam der Berg auch zu seinem Namen

Wolkenspiele.
Sie beflügeln
die Phantasie.

„Priesterhöhe". Von den Fotos, die ich gemacht habe, kann wohl das obenstehende Bild, die Vergangenheit des Berges am eindrucksvollsten wiedergeben. „Aus dem Dunkel der Welt die reine Seele eines Priesters, im weißen Talar gen Himmel fahrend." Wolkenspiele können eben die Phantasie auf vielfältige Weise beflügeln.

Unten im Dorf leise, vom Ostwind etwas verzerrte Glockenschläge. Jetzt ist er erleuchtet, der Kirchturm, wenn auch nur im kalten Kunstlicht. Aus ersten Fenstern im Dorf aber bereits Schein vertrauter Gemütlichkeit. Die Aufnahmen sind schnell gemacht, verschiedene Einstellungen, wechselnde Standorte und Warten auf die nächsten Glockenschläge für die Tonaufnahmen. Nach einer Stunde ist alles erledigt. Nun stellt sich die Frage, wieder nach Hause oder noch ein Stück durchs Revier? Der Mond ist immer noch hell, auch wenn sich im Westen ein dunkles Wolkenband aufbaut. Vielleicht bis zum Maisfeld „Weidegang"? Sind allerdings zwei Kilometer. Könnte sein, dass ich dort einem meiner Kumpane begegne. Der weitere Nachtgang ist beschlossen. Alles wird gut im Rucksack verstaut, denn der Abstieg zur Bachweide ist ebenfalls steil und weist eine Menge natürlicher Stolperfallen und unzählige kleine Krater auf. Unten am Waldrand werden Kamera, Tragrahmen und Stativ wieder zusammengebaut. Entgangene Bilder von einmaligen Begegnungen haben mich gelehrt, die Kamera möglichst immer aufnahmebereit zur Hand zu haben, auch bei Nacht. Unterhalb der Teufelsschlucht und vom Moosholz, noch weit verschwommen, die Hecken, hinter denen aber gleich der Weidegang beginnt. Ein weiter Weg, doch ich liebe es, in mondhellen Nächten unterwegs zu sein, immer begleitet von geheimnisvollen Schatten, Geräuschen und auch ein wenig Spannung. Nur heute drückt etwas mehr der Rucksack, und das Holzstativ mit aufgesetztem Zubehör ist auch nicht gerade handlich. Deshalb ein paar Minuten verschnaufen. Wie verträumt liegt die Bachweide im fahlen Mondlicht. Vom Waldrand löst sich aus den Baumkronen geräuschlos ein dunkler Schatten, taucht hinunter zur Wiese, um gleich wieder aufsteigend zum Wald zurückzukehren. Oft, wenn ich nachts hier vorbeikomme, ist sie auch gerade auf Jagd nach Feldmäusen unterwegs, die Waldohreule. Die große, weite Wiese bietet dafür ja die besten Voraussetzungen. Und die Kreuzspinne, die neben mir zwischen den Zweigen ihre Fäden zieht, nutzt die Nacht zum Bau ihres Fangnetzes, da ist sie vor ihren möglichen Beutejägern auch besser geschützt. Langsam setze ich meinen Weg am Waldrand Richtung „Weidegang" fort. Bin noch am Überlegen, ob ich mit dem schweren Gepäck doch nicht so

Dachs-Silhouette im Licht des Mondes. Bilbo oder Max?

weit gehen sollte, da nähern sich aus der Wolfsschlucht, an der ich gerade vorbeikomme, bedächtige, schleifende Laufgeräusche durchs trockene Laub. Keine Bewegung mehr, auch die Stirnlampe aus. Ein Schatten schiebt sich aus dem Unterholz, und jetzt im Mondlicht die ganze Silhouette eines Dachses. Noch kann ich nicht erkennen wer, Bilbo oder Max? Mit Einschalten des Lichtes und der leisen Frage: „Bist du es, Bilbo?" dreht er ruckartig den Kopf in meine Richtung, ergreift aber nicht die Flucht. Damit ist meine Frage beantwortet. Was treibt er sich hier im Besitz des Nachbarn wieder herum? Nun, Grenzverletzungen hat der, so oft ich mit Bilbo hier unterwegs war, nicht übelgenommen. Oben auf dem Grenzplateau, wo sich vor Wochen beide begegneten, war mir auch nichts Feindseliges, aber auch keine Freundlichkeit von Max aufgefallen. Ob Bilbo wohl ins Maisfeld will? Ich schließe mich ihm einfach an. Der Gedanke an einen kürzeren Nachtweg hat sich damit vorerst erledigt. Langsam kommt Bilbo auf mich zu. Das ist für mich immer mit etwas Unruhe verbunden, denn er zeigt nie richtig an, was er vorhat. Das kleine, handliche, aber kräftige Stativ im Rucksack ist schon in meiner Hand. Doch völlig unbegründete Vorsicht, er will nur wieder seinen Stempel auf einem Stiefel hinterlassen. Passiert jetzt recht häufig, wenn wir uns nachts begegnen oder gemeinsam unterwegs sind. Er wendet sich wieder ab und folgt, einmal im Trott, einmal im Trab, dem Bachweidenpfad in Richtung Feld. Also doch in den Mais.

Sechzig, siebzig Schritt vor mir verlässt er plötzlich den Pfad und verschwindet in der vom Wald umsäumten Bucht mit dichtem Buschwerk. Ich lege einen Schritt zu, um schnell dorthin zu kommen, er hat wohl ein anderes Ziel. Auf dem alten vom Dorf kommenden Fahrweg, der hier endet, mache ich kurz Halt, um festzustellen, wo genau er hineingeschlüpft ist. Vor Jahren hatte man den Feldweg zwischen Weidegang und Moosholz bis zum Dorf kultiviert. Später sollte er sogar längs des Waldrandes bis zur Wolfsschlucht weiter asphaltiert werden. Doch da regte sich, unter Führung von Claus und mir, gewaltiger Widerstand im Dorf. Das Projekt wurde verworfen, und der kleine romantische Bachweidenpfad blieb erhalten. Leise rauschend spielt der Wind im nahen Feld mit den großen langen Maisblättern. Stille sonst, auch von Bilbo nichts zu hören. Gerade will ich mich hinein durchs Buschwerk zwängen, um nach ihm zu suchen, da kommen mir vom Fahrweg Richtung Dorf ungewöhnliche, aber bekannte Geräusche zu Ohren. Noch fern, sich aber rasch nähernd. Es ist das Aufschlagen kräftiger Krallen auf dem Asphalt – ein galoppierender Dachs. Mit der Stirnlampe suche ich den Fahrweg ab. Im diffusen Lampenlicht wird die weiße Kopfmaske sichtbar. Beim Einschalten der helleren Handlampe bremst er sofort ab. Unüberhörbar dabei das schleifende Geräusch der langen Grabkrallen auf dem Asphalt. Gleich danach bewegt er sich, wie schleichend, ein Stück weiter, dann aber wieder im Galopp, und das genau in meine Richtung. Das kann nur Max sein, warum aber in dieser aggressiven Stimmung? Einige Meter vor mir, ich habe mich aber bereits etwas seitlich in Sicherheit gebracht, vollführt er aber einen größeren Schlenker. Dennoch tiefes Durchatmen. Ähnlich hat mich Bilbo schon einige Male das Fürchten gelehrt, das aber hier war ein echter wilder Kollege. Natürlich greifen wilde Dachse unter normalen Umständen niemals den Menschen an. Sein Ziel ist vermutlich Bilbo. Max hat den Fahrweg verlassen und verschwindet, unter laut brechenden Zweigen, im dichten Gestrüpp der Büsche. Fast im gleichen Moment, wie aus dem Nichts, zerreißen zwei durchdringend schrille Schreie die friedliche Stille der Nacht. Schon grausig, gleichen sie doch sehr den Hilferufen eines Menschen in allergrößter Not. Nur einen kurzen Augenblick bin ich geschockt, da mir diese unheimlichen Laute aus früheren Jahren bereits bekannt sind. Max hat Bilbo überfallartig angegriffen, der sofort durch diese sehr lauten Schreck- oder Schmerzschreie darauf reagiert. Es sind keine Paarungsrufe, wie auch heute noch oft behauptet wird. Bilbo, jetzt geschlechtsreif, ist für Max derzeit aber ein Rivale. Nichts ist mehr zu hören von den beiden. Nur ständig lautes Knacken kleiner Ästchen und Rascheln von Blättern. Ich versuche, an die beiden heranzukommen. So schnell es das schwere Stativ mit seinen Aufbauten erlaubt, drücke ich mich durch die Büsche, den Geräuschen folgend, Kampflaute sind nicht zu hören.

Da sind sie, und bereits im heftigen Clinch. Geschwind das Stativ abgesetzt, ausgerichtet. Gut, dass die Filmkamera drauf ist. Jetzt, mit der Filmleuchte, erkenne ich auch deutlich Max, ein bisschen Blut ist auch schon geflossen. Erstaunlich aber, wie schnell und eindrucksvoll sich doch der jüngere, noch unerfahrene Bilbo bei seinem vermutlich ersten „Rivalenkampf" bereits zu wehren weiß. Natürlich befindet sich Max im Recht. Sind wir doch hier auch in dessen Territorium und sein Bau, der Hangbau, ganz in der Nähe. Es wird recht heftig gekämpft, ohne irgendwelche Laute, nur das Hin- und Herschieben im Laub, und zwischendurch einmal Schnauben. Der Kampf verlagert sich etwas in den Wald. Rucksack, Fernglas, alles bleibt liegen, nur mit Stativ und eingeschalteter Filmleuchte stürze ich hinterher, fast hätte mich dabei eine kräftige Ranke noch zu Boden gerissen.

Beide stehen sich, wohl musternd, einen längeren Moment bewegungslos gegenüber. Max mit tiefem Grollen. Er ist ein alter Kämpfer, man sieht es an den Narben und am zerzausten Backenbart. Ihre Pürzel schlagen schnell hin und her, Ausdruck großer Erregung. Max scheint sich in solcher Ekstase zu befinden, dass er mich, nur zwei Meter daneben, überhaupt nicht beachtet. Sein überfallartiger Überraschungsangriff hatte den noch unerfahrenen Bilbo nur kurz in Angst und Schrecken versetzt. Max hat wohl gespürt, dass Bilbo auch austeilen kann, deshalb jetzt sein abwägendes Verhalten? Auch wenn ich blutige Auseinandersetzungen als reißerische Höhepunkte in Filmdokumentationen ablehne, hier bin ich doch über Bilbos Gegenwehr beruhigt. Wie oft verliert oder ändert ein vom Menschen falsch aufgezogenes Wildtier einen Teil seiner angeborenen Verhaltensweisen. Wird es später wieder ausgewildert, ist es manchen natürlichen Bedingungen nicht mehr ausreichend gewachsen. Bilbo aber flüchtet nicht vor Max, sondern stellt sich ihm. Das ist wichtig für sein weiteres freies Leben, das ihm sicher irgendwo und irgendwann noch manchen Kampf mit fremden, männlichen Artgenossen bescheren wird. In dieser Auseinandersetzung sammelt er dafür nun erste Erfahrungen. Die Verschnaufpause ist kurz, beide fassen wieder zu. Jeder versucht den anderen im

Dokumentations-Fotos von einem Revierkampf, unter schwierigsten nächtlichen Bedingungen:

Aus heiterem Himmel …

… griff Max Bilbo an, …

… der sich natürlich heftig zur Wehr setzte.

Hals-Brustbereich zu packen. Ständig sind sie jetzt in Bewegung, wechseln die Position, ohne ihren Zubiss zu lockern. Schnell Kamera und Leuchte vom Stativ, denn Filmen ist nur noch aus freier Hand möglich. Mehrfach überschlagen sie sich, rollen gleich einer Kugel hin und her, doch keiner lässt vom anderen ab. Das führt zu erheblichen Bisswunden. Der leicht abschüssige Waldboden zwingt auch mich, mehrmals mit der Kamera schnell zur Seite zu springen, um nicht selbst von ihnen überrollt zu werden.

Einmal packt Max, einmal Bilbo sein Gegenüber am Kopf und presst diesen fest gegen den Boden. Durch kreiselnde Körperbewegungen versucht der Unterlegene, sich aus dieser Zwangslage zu befreien. Nur schnaufende Geräusche begleiten den viele Sekunden langen Kampf. Ich bin nun doch etwas besorgt über seinen Ausgang. Denn, wie in der Fachliteratur erwähnt, kommt es bei derartig ernsthaft geführten Kämpfen nicht selten zum Tod eines der Kontrahenten. Bilbo ist, wie ich weiß, sicher kein Schwächling, aber ihm fehlen doch noch die Erfahrungen, einen solchen Kampf auch mit Taktik zu führen. Max hat am Hals zwar auch eine größere blutende Wunde, doch Bilbo ist häufig der Unterlegene und bekommt dadurch das kräftige Gebiss von Max auch mehr zu spüren. Ich muss jetzt selbst in das Geschehen eingreifen, versuchen, es zu beenden. Die Kamera wird abgelegt und mit dem grellen Licht der Filmleuchte, nur eine Handlänge vor ihren Köpfen, versuche ich beide zu irritieren. Aber es zeigt überhaupt keine Wirkung, auf gleich hohem Niveau wird weitergekämpft. Ein kräftiger Ast könnte vielleicht helfen. Ich schiebe ihn irgendwie zwischen ihre Köpfe, aber auch das misslingt. Beide scheinen sich daran überhaupt nicht zu stören. Ungefährlich sind meine Trennungsversuche bei den sich wie rasend bewegenden Dachsen allerdings nicht. Ich ziehe mich deshalb wieder zurück und überlasse der Filmkamera, den restlichen Verlauf weiter festzuhalten. Meine Furcht, der jüngere, noch unerfahrene Bilbo wäre dem älteren kampferprobten Nachbarn nicht gewachsen, scheint aber hinfällig. Nach längerer Zeit, ich habe nicht mehr auf die Uhr gesehen, lassen sie voneinander ab. Ein Unentschieden? Erleichtert atme ich auf. Max zieht sich rückwärtsgehend langsam zum Waldrand zurück, Bilbo aber nicht aus den Augen lassend. Er folgt mit Abstand. Ob sie draußen noch einmal aneinandergeraten? Nur mit Nachtglas und Filmleuchte schnell hinterher. Weit draußen auf der Bachweide sind beide galoppierend unterwegs. Die Auseinandersetzung scheint noch nicht beendet. Leider kann ich nicht erkennen, welcher von beiden der Verfolgte ist, die Filmleuchte ist auf diese Entfernung zu schwach.

Nach diesem unerwarteten aufregenden Zusammentreffen muss ich mich nun erst einmal setzen und entspannen. Alles ging so schnell, und doch hatte ich den Eindruck einer langen Auseinandersetzung. Schon zwei Mal habe ich solche Kämpfe erlebt, aber nicht in dieser unmittelbaren Nähe, und auch ohne selbst einzugreifen, wie hier. Mitternacht weit vorbei, die Nachricht nach Haus erspare ich mir. Eine halbe Stunde lasse ich mir noch Zeit, doch keiner der Dachse lässt sich mehr sehen. Alles wird eingesammelt, nichts liegengelassen und noch ein paar Fotos vom Tatort gemacht. Das war die bisher aufregendste Nacht mit Bilbo. Wie wird er sich später nun mir gegenüber verhalten? Hat es gar Einfluss auf seinen Verbleib im Hofjagen? Der heftige Angriff von Max hat mich überrascht. Selbst bei ihrer hautnahen Begegnung auf dem Grenzplateau kam es bei Max zu keinen Drohgebärden. Leben doch die beiden auch schon über ein Jahr, meines Wissens, als friedliche Nachbarn Tür an Tür und sind nicht selten im Besitz des Nachbarn unterwegs. Aber Rivalität drängt eben manches, wenn auch nur kurzzeitig, in den Hintergrund. Gespannt, wie sich Bilbo und Max nach dieser Kontroverse untereinander verhalten werden. Vielleicht bietet sich mir oben auf dem Grenztableau bald wieder die Gelegenheit, beide beobachten zu können.

Im tiefen Schlaf liegt der Forsthof, als ich ihn erreiche. Nur Reineke nicht, den ich gerade noch hinter dem Stall verschwinden sehe. Die Hühnerluke? Sie ist zu. Dafür sorgt, nach dem Drama mit Fridolin, jetzt ganz allein, aber verlässlich nur die Hausfrau. Was haben wir doch mit unseren Dachsen schon alles erlebt! War die vergangene Nacht schon sehr ereignisreich, der darauffolgende Morgen sollte es, auf andere Art, nicht viel weniger werden. Ich muss früh aus dem Bett, da im Nachbarrevier ein wichtiger Termin ansteht. Gehege und Schlafkammern werden zuvor, wie immer, am Morgen kontrolliert, da nachts alles offen ist.

Noch immer kommen Diggi und Bilbo, auch wenn sie jetzt den Wiesenbau bewohnen, manchmal für eine Tagesruhe in den Forsthof, aber selten. Obwohl die Auswilderung der beiden gelungen ist, scheint ihre Bindung zur menschlichen Kinderstube noch nicht ganz abgebrochen. Vielleicht liegt es auch an der vormals guten häuslichen Kost, das aber ist ja schon lange abgestellt. Im Gehege nichts, was auf ihre Anwesenheit oder kurzen nächtlichen Besuch hindeutet. Doch als ich die zweite Schlafkammer öffne, muss ich zweimal hinschauen. Das Schlaf-Eselchen aus Diggis Welpenzeit lag doch immer in der großen Schlafkammer, warum hat das jemand aus der Familie hier hineingelegt? Ich beuge mich weiter in die halbdunkle Kammer. Es ist nicht der Esel, der da halb unter dem Heu liegt, sondern es sind zwei ausgewachsene Dachse, in trauter Gemeinschaft – Diggi und Bilbo. Ein seltenes Bild nach ihrer längeren Abwesenheit. Warum sind sie aber gerade nach dieser, für Bilbo so kämpferischen, Nacht wieder ins Forsthaus gekommen? Hat er doch größere Verletzungen? Vorsichtig und leise entferne ich das wenige Heu über ihren Köpfen. Zu sehen ist aber nichts. Behutsam schließe ich Schlafkammer und Gehege, damit Quinze nicht zum freudigen, aber störenden Besucher wird.

Beim gemeinsamen Frühstück berichte ich nun ausführlich von vergangener Nacht, und wir diskutieren, warum wohl die plötzliche Tagesruhe der beiden wieder im Forsthaus? Bevor ich zu besagtem Termin fahre, schnell aber leise noch Trink- und Badetrog mit frischem Wasser aufgefüllt. Zwar unterbrechen Dachse ihre Tagesruhe dafür so gut wie nie, aber vielleicht hat Bilbo nach der vergangenen Nacht doch Verlangen danach. Während ich im Gehege noch hantiere, scheint einer der beiden wachzuwerden. Es raschelt und kratzt in der Schlafkammer. Neugierig behalte ich den kleinen Eingang im Auge. Wer wohl als erster herauskommt? Noch ist niemand zu sehen, aber Schnüffeln ist zu hören. Bin gespannt auf Bilbo. Da ist er, schiebt

Nach dem Rivalenkampf. Bilbo und Diggi kehren ins Gehege zurück, was sie schon lang nicht mehr getan haben.

Schmerz-Therapie. Zur Kühlung der Wunden legte sich Bilbo in den Badetrog.

gerade den Kopf aus dem Eingang und hält inne. Noch immer unbegreiflich für mich, just nach dieser Nacht im Forsthaus. Vielleicht aber gerade deshalb? Gemächlich, Pfote vor Pfote setzend, kommt er die kurze Hühnertreppe herunter. Die Bewegungen sind nicht so gleichmäßig, hat unter den Umständen vielleicht auch schlecht gelegen? Im Gehege aber läuft er ganz normal. Friedlich auch sein Eindruck, aber wie gesagt, darauf kann man sich nicht immer verlassen. Er kommt zu mir, beschnuppert beide Stiefel lange und legt sich, fest an mein Bein gedrückt, auf den Boden. Das ist seltsam. Noch nie erfuhr ich von meinen Dachsen Ähnliches, und das nun sogar von dem nicht immer zugänglichen Bilbo. Sollte er sich durch Max doch größere Verletzungen zugezogen haben, die ihm zu schaffen machen? Vorsichtig taste ich Hals- und Brustbereich ab, was er sich ohne Weiteres gefallen lässt. Unter den Haaren spüre ich an einzelnen Stellen größere und kleinere blutige Wunden. Auch hinten, neben dem Pürzel, hat Max zugepackt. „Hast ihn jetzt einmal richtig kennengelernt, deinen Nachbarn", so meine tröstenden Worte, während ich mit der Hand über seinen Kopf und Rücken streiche. Er ist viel ruhiger als sonst, fast phlegmatisch. Früher hätte er sich solche Liebkosungen nicht ohne Weiteres gefallen lassen. Ich verlasse das Gehege, um für den Badetrog das restliche Wasser zu holen. Er aber bleibt, wie er sich hingelegt hat, liegen.

Ich beginne mir Sorgen zu machen. Der Besprechungstermin muss wegen unvorhergesehener Ereignisse auf den Nachmittag verschoben werden. Als ich mit dem Eimer Wasser wieder zurück im Gehege bin, liegt Bilbo im halbgefüllten Badetrog. Nicht sitzend, wie bei den Dachsen üblich, sondern in ganzer Länge und Breite seines Körpers, soweit es bei dem kleinen Trog möglich ist. Er muss sich regelrecht hineinfallen lassen haben. Doch nicht zur Reinigung oder Behaglichkeit. So wie er drinliegt, hat er offenbar zur Kühlung seiner Wunden das kühle Nass aufgesucht. Ich stelle den vollen Wassereimer hin und setze mich in die hintere Ecke des Geheges, um ihn zu beobachten. Ganz ruhig liegt er im Wasser. Meditiert wohl auf seine Art über die heilende Kraft des Wassers. Auch wenn Dachse sehr arm an Mimik sind, hier aber trifft sie passend zu seinem derzeitigen Zustand. Nach zwei Minuten bewegungslosem Liegen erhebt er sich und steigt langsam aus dem Trog. Mehrmals schüttelt er den dicken Pelz, aus dem sich eine Flut von Wassertropfen löst. Seine erste schmerzlindernde Therapie scheint beendet. Unsicher, was er nun tun soll, orientiert er sich dann aber plötzlich an meiner Anwesenheit und kommt langsam herüber. Ohne die übliche Duftkontrolle an den

Schuhen legt er sich, wie auch zuvor, neben mich auf den Boden. Jetzt bedarf es keiner Frage mehr, der über achtzehn Monate alte Bilbo sucht Körperkontakt. Vielleicht Geborgenheit oder Trost? Gar nicht so abwegig bei der wohl noch immer bestehenden geselligen Bindung zur „Kinderstube Forsthaus" und den Pflegeeltern. Unbestreitbar hängt das mit dem überfallartigen Angriff von Max zusammen. War sein Kontaktsuchen bei mir aber nur zufällig oder doch gezielt?

Ein Versuch auf größere Entfernung. Ich verlasse das Gehege durch die Tür, die direkt ins Haus führt, und begebe mich zwei Kellerräume weiter. Zuvor noch ein Blick zurück ins Gehege, er liegt noch an gleicher Stelle. Im Raum lege auch ich mich flach auf den Boden, schaue auf die Uhr und warte. Keine halbe Minute vergeht, er kommt und legt sich sofort wieder fest an meine Seite. Damit bedarf es keiner weiteren Beweise. Langsam streiche ich über sein grobes Rückenhaar, er bleibt ruhig liegen. Aber beim Hochheben seiner linken Vorderpfote zieht er sie mir sofort wieder aus der Hand und deutet mit einer Kopfbewegung seinen Unwillen an. Dort muss er größeren Schmerz spüren, denn Dachse sind nicht so empfindlich, können einiges einstecken. Bin gespannt, wie er sich auf der steilen Treppe bewegt, die zum Heuboden führt. Ob er mir folgen wird? Lange warte ich sitzend oben am Ende der Treppe. Er taucht unten auf, bleibt einen Moment stehen und kommt langsam, ohne zu humpeln, nach oben. Also nichts Ernstes an der Pfote.

Ich lege mich auf die noch immer ausgebreitete Decke. Sie war in den Welpentagen und auch später noch oft unser gemeinsamer Spiel- und Ruheplatz. Dort zogen wir uns auch an zu heftigen Regentagen zurück, denn die lieben sie ebensowenig. Ein vertrauter Platz für Bilbo, und er legt sich auch sofort an meine Seite. Bei all den Überraschungen mit Bilbo hab ich gar nicht mehr an Diggi gedacht. Sie meldet sich jetzt aber, mit raschem Tap, Tap, Tap auf den Holzstufen. Wie draußen am Bau, ist sie auch im Forsthaus gegenüber Bilbo eine Spätaufsteherin. Aus dem besonderen Anlass der vergangenen Nacht ist unsere kleine Sippe nun für kurze Zeit wieder komplett. Solch ein trautes Zusammensein liegt schon lange zurück. Es wird auch nicht so schnell wiederkommen, wenn überhaupt. Begaben wir uns in ihren Welpentagen zum Spiel oder auch nur zur Ruhe auf die Decke, war Diggi immer bestrebt, auf Körperkontakt neben mir zu liegen. War der Platz aber schon von Bilbo belegt, drückte sie sich mit aller Kraft dazwischen und schob Bilbo einfach zur Seite, um neben mir zu liegen. Gleich Ölsardinen lagen wir dann immer in dieser Reihenfolge und schliefen nicht selten, auch gemeinsam, für einige Zeit ein. Nichts wirklich Großartiges, aber doch auch ein Hinweis auf die familiäre Geselligkeit unter Dachsen, und ich gehöre auch noch dazu.

Es wird Zeit, die beiden allein zu lassen, um wenigstens meinen neuen Mittagstermin einzuhalten. Sie dürfen auf dem Heuboden bleiben. Der Weg zum Gehege steht ihnen offen, sie kennen sich im Haus ja noch bestens aus. Nachdem alle Unterlagen für die Besprechung zusammengestellt sind, auch das Mittagessen eingenommen ist, schleiche ich schnell noch einmal auf den Heuboden. Beide haben es sich im Heu bequem gemacht. Bilbo, wohl seine Verletzungen behandelnd, und Diggi, leider kann ich es nicht genau erkennen, scheint sich auch um diese zu kümmern. Gern hätte ich sie noch weiter beobachtet. Am frühen Abend, noch rechtzeitig zur Teestunde, bin ich vom Nachbarrevier wieder zurück.

Kurz vor Mitternacht begebe ich mich zum Gehege. Beide Dachse stehen schon wartend am Außengitter. Nichts deutet im Verhalten bei Bilbo auf die vergangene Nacht hin. Langsam öffne ich ein wenig die Gehegetür, und sofort drücken sich beide, Bilbo voran, hindurch. Ohne mich zu beachten, verschwinden sie galoppierend in der Dunkelheit.

Leider sollten wir uns nun längere Zeit nicht mehr sehen, da ich für einige Wochen nach Bayern musste. Eine längere Trennung von den Dachsen wirft auch immer Fragen auf. Vielleicht ereignet sich gerade in dieser Zeit etwas Besonderes? Sind sie mir dann gegenüber noch vertraut? Haben sie gar das Hofjagen verlassen? Auf jeden Fall will Claus, soweit es seine Zeit erlaubt, am Bau nach ihnen schauen. Anfang November bekomme ich von ihm eine Nachricht. Es geht dabei weniger um die Dachse, als um den Wiesenbau. Er berichtet von einem kurzen, aber ungewöhnlich heftigen Orkan, der größere Schäden im Hofjagen hinterlassen hat, auch am Wiesenbau. Neun der hohen, alten Fichten neben dem Bau und auch einige Buchen hätte er umgelegt. Der Bau sei fast gänzlich abgedeckt. Nur zwei noch einigermaßen intakte Baueingänge seien ihm noch aufgefallen. Von der Haupteinfahrt mit der markanten Schleifrinne sei nichts mehr zu sehen. Er hat dazu auch ein paar Bilder übermittelt. Nirgends Spuren und frische Erdauswürfe, die noch auf Anwesenheit der Dachse hindeuten könnten. Er vermutet, dass sie ihn nicht mehr bewohnen. Um mir Mut zu machen, erwähnte er den Schluchtenbau am Kopfgrad und den Felsbau auf der Hochkanzel, den sie doch schon einige Male für ihre Tagesruhe genutzt hätten. Er würde zum Wochenende den Wildwechsel im Moorgraben und weiter hinauf zur Hochkanzel oben an der Felshöhle einmal etwas genauer kontrollieren und mir umgehend Bescheid geben.

Eine niederschmetternde Nachricht. Dachse halten lange an ihrem Hauptbau fest, selbst wenn Teile davon zerstört oder für die entsetzlichen Baujagden herhalten mussten. Aber nach den Fotos von Claus scheinen die Schäden am Wiesenbau immens, sogar tief hinunter in einige Wohnbereiche.

Gleich zum Wochenende aber ein etwas erfreulicherer Anruf von Claus. „War heute früh im Moorgraben. Du kennst die Stelle, wo der Wildwechsel durch den feuchten Teil des Grabens führt. Jede Menge Trittsiegel, hinauf zur Hochkanzel und auch zurück. An der Felshöhle selbst fand ich allerdings keine Spuren. Mach dir aber keine Gedanken, die beiden sind mit Sicherheit in die Felshöhle umgezogen. Meine Besorgnis begann sich langsam zu legen. Doch ich kann es nun nicht mehr erwarten, wieder nach Haus zu kommen.

Am zwölften Dezember ist es dann endlich soweit. Voller Hoffnung, aber auch mit Unruhe mache ich mich auf die Heimfahrt. Der folgende Tag sieht mich bereits früh mit Quinze am Wiesenbau. Kreuz und quer liegen Buchen und Fichten mit ihren senkrecht stehenden Wurzeltellern. Nur an wenigen Stellen aber haben sie Erdröhren aufgerissen. Ob Diggi und Bilbo in dieser Bauruine wohl später weiterarbeiten werden?

Dazu müssen sie aber auch noch im Revier sein, also weiter hinauf zur Felshöhle, um das festzustellen. In den höheren Lagen hat sich der Wald bereits ein erstes zartes winterliches Kleid übergezogen. Auf dem Hochaltar bekommt Quinze die Aufgabe: „Such Diggi, such Bilbo!" Nach so vielen Wochen fehlender großer Streifzüge stürmt sie sofort los. Ich bin überaus gespannt. Im Kriechgang dann zur Steinrinne, dort darf sie aber nicht hinein, nur mit der Nase – doch keine Reaktion von ihr. Weiter hinauf ins Steinfeld über den Höhlen. Doch auch da nichts. Wieder zurück zur Steinrinne. Dort aber, nach längerem Schnüffeln, beginnt erst ihr Stummelschwänzchen schnell zu wedeln, und gleich danach kommt auch schon ihr leises, für mich erlösendes Winseln – Diggi und Bilbo befinden sich in der Höhle! Notgedrungen haben sie also die Felshöhle bezogen. All meine Vorbereitungen wurden belohnt, und auch Quinze bekommt sofort ihren Finderlohn. Dass Diggi und Bilbo hier auch ihre Winterruhe halten, davon bin ich fest überzeugt. Die Höhle ist ja auch mit viel Heu dick ausgepolstert. Die erste Winterruhe der beiden in freier Wildbahn, und noch dazu in meiner so sorgsam vorbereiteten Felshöhle!

Siebentes Kapitel

Überraschungen in der Felshöhle

Kalte, aber märchenhafte Wintertage hat uns das neue Jahr bis in den Januar hinein beschert. Nun aber, so der Wetterbericht, nähert sich ein graues Wolkenband, das den von Sonnenlicht überfluteten Wäldern und Wiesen bald seine winterlichen Reize nehmen wird. Die vielen filigranen weißen Kunstwerke auf Zweigen und Spinnennetzen beginnen sich bereits aufzulösen. Mit kleinen Schritten nimmt das Ende des Winters seinen Anfang.

In diesen verbleibenden Märchentagen sind wir, Quinze und ich, häufig im Revier unterwegs. Vor allem der Dachse wegen. Abhängig von den Außentemperaturen und auch ihrem Gemütszustand werden sie jetzt nach der mehr oder weniger langen Winterruhe wieder aktiv oder sind es bereits. Damit beginnt nun auch für mich hoffentlich ein weiteres spannendes, aber auch anstrengendes Jahr mit Diggi und Bilbo.

Heute geht die Tagestour erst hinüber zum Hangbau und anschließend weiter zur Felshöhle. Von der Bachweide kommend, geht es auf dem Wildpfad recht steil nach oben zum Hangbau. Wie die drei ausgetretenen Pfade am Bau zeigen, hat Max schon länger die Winterruhe beendet und ist bereits fleißig im Revier unterwegs. Die Pfade führen im weiteren Verlauf auch zu verschiedenen Abschnitten seiner Reviergrenze. Einen Teil der dort angelegten Grenzstellen hat er sicher schon überprüft und, wo notwendig, neue Duftbotschaften in frisch angelegten Markierungsgruben hinterlassen. Das ist die erste, wichtigste Aufgabe eines Rüden nach seiner Winterruhe. Bestimmt war er auch schon oben im Köhlersgrund auf dem Grenzplateau an der „großen Grenzstelle". Ob seine Partnerin auch schon unterwegs war? Sie verlässt den Bau das erste Mal nach der Winterruhe meistens einige Nächte später. Wenn sie sich aber längere Zeit nicht zeigen sollte, dann ist sie schon mit ihrem Nachwuchs beschäftigt. Zu gegebener Zeit werde ich mich hier ansetzen. Im vergangenen Jahr gab es hier keine Welpen.

Nun weiter zur Felshöhle auf dem Hochaltar. Bin neugierig, ob vor ihrem winterlichen Notbau auch schon Spuren zu sehen sind. Vom Hangbau geht es über den Wildpfad wieder hinunter und im Köhlersgrund durch die Schlucht hinauf zum Grenzplateau. In Höhe der großen Grenzstelle löst sich aus dem Pfad eine einzelne Dachsspur und führt direkt zu ihr hinüber. Sie ist frisch, Max war also vergangene Nacht auch schon hier. Am Rand der Grenzstelle fällt mir sofort eine neue Markierungsgrube auf. Er hat also auch die erste Duftbotschaft hier hinterlassen. Bin gespannt, ob Bilbo vielleicht auch schon auf Grenzstelleninspektion unterwegs war. Der Wiesenbau, an dem wir vorbeikommen, liegt noch unter dem gewaltigen Windbruch, versteckt unter einem dicken Schneepolster. Ob hier, selbst wenn alles weg-

Am Hangbau nach der Winterruhe. Vor dem Bau sind schon eindeutig Spuren zu erkennen. Max ist also schon unterwegs.

Der Dachsbau an der Felshöhle. Hier liegt der Schnee noch jungfräulich. Diggi und Bilbo schlafen also noch. Quinze, die Drahthaarhündin, zeigt aber an, dass die Dachse drin sind.

geräumt ist, Diggi und Bilbo jemals wieder einziehen werden? Vom Moorgraben geht es weiter hinauf zur Hochkanzel, ein mühsamer Aufstieg durch den hohen Schnee. Die letzten Tage hatte es hier noch ordentlich geschneit. Winterliche Stille um das Felsmassiv hier oben. Vor Kriechgang und Steinmulde der Felshöhle liegt noch jungfräulich der Schnee, keine verräterischen Spuren. Hier ruht noch alles, auch Diggi und Bilbo, vorausgesetzt, sie sind noch in der Höhle, da aber habe ich keinen Zweifel. Vielleicht kann mir das Quinze, selbst durch den dicken Schnee, wieder bestätigen. Sie erhält also die Erlaubnis, beide zu suchen, ohne aber die beiden Eingänge zu betreten. Wie immer ist sie dabei sehr aufgeregt. Schnell wird dabei das kleine Felsmassiv seines makellos glatten Weißes beraubt. Dann, am Kriechgang diesmal, ihr leises Winseln und schnelles Schwänzchenwedeln, sie sind also noch drin. Erfreulich für mich, wenn ich auch damit gerechnet habe. Aber es ist immer gut, wenn aus sicherer Quelle nochmals eine Bestätigung kommt. Im Gegensatz zu den Hangbaudachsen geben sich Diggi und Bilbo also noch ganz der Winterruhe hin. Vielleicht hängt das mit ihrem Alter oder der noch hohen Schneelage hier oben zusammen. So bleibt es auch noch in den folgenden Nächten.

Am zehnten Februar bin ich mit Quinze wieder auf Bauinspektion unterwegs. Am Hangbau weiterhin große Betriebsamkeit, wobei ich noch unschlüssig bin, ob sich die Fähe von Max schon daran beteiligt. Anhand der Spuren ist das nicht erkennbar. Vom Hangbau zur Hochkanzel sind gute zwei Kilometer zu überwinden, nicht eingerechnet Gefälle und Steigungen. Für Quinze ein stets freudiges Ereignis, solch eine lange Tour. Da sie absolut wildfreundlich ist und bei Auftauchen von Reh oder Hase völlig passiv und nur beobachtend bleibt, darf sie sich auf offenen Flächen frei bewegen. Nur bei Reineke juckt es ihr in den Läufen. Ihm folgt sie gemäß jagdlicher Tradition, doch nur eine angemessene Strecke. Sie ist wohl zu klug, nicht mehr zu wollen, als das, was sie kann. Ihrem Spürsinn aber habe ich viel zu verdanken. Oben auf der Hochkanzel ein erstes Lebenszeichen in Form frischer Trittspuren der Dachse. Quinze muss deshalb jetzt Fuß gehen, damit ich alle Abdrücke möglichst fehlerfrei entschlüsseln kann. Die einzige aus der Steinmulde kommende frisch verschmutzte Spur unterziehe ich einer genauen Kontrolle. Sie führt um das Felsmassiv herum, weiter durch den Wald, hinunter zum Moorgraben. Ich vermute, sie ist von Bilbo, der jetzt auch zwecks Grenzgestaltung unterwegs ist. Unverkennbar die Abdrücke eines Dachses durch die Einstiche der langen Grabkrallen vor den Ballen. Er tritt mit der ganzen Pfotenlänge auf, ein typischer Sohlengänger.

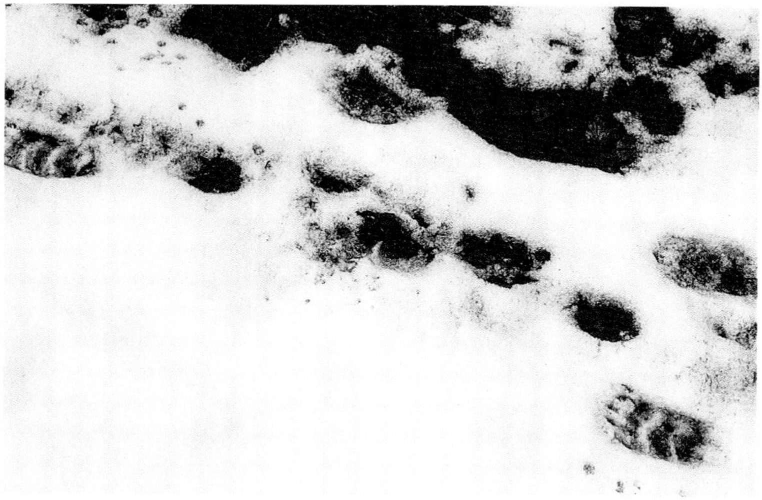

Dachsspur.
Sie ist aufgrund der Einstiche der langen Grabkrallen vor den Ballen unverkennbar.

Nahrungssuche ist noch nicht gefragt, ist bei der Schneelage auch schwierig. Es sei denn, Claus hat am Hexentanz wieder Mais für die Sauen ausgelegt. Davon hätte er mich aber rechtzeitig unterrichtet. Aber wo ist die Rückspur von Bilbo zur Felshöhle? Ich umkreise prüfend das ganze Felsmassiv, nichts, keine weitere Spur. In der Felshöhle ist er also auch nicht mehr. Aus irgendeinem Grund hat er vielleicht vorübergehend einen anderen Bau zur Tagesruhe bezogen, eine Absteige sozusagen. Das ist nicht selten bei Dachsen, aber in dieser Jahreszeit schon ungewöhnlich. Auch sein Abwandern aus dem Hofjagen wäre möglich. Doch wie die Verhältnisse zwischen Diggi und ihm sich entwickelt haben – eigentlich nicht denkbar. Wir gehen den Wald bis hinunter zum Moorgraben ab, doch nichts, keine Dachsspur, die wieder hinauf zur Hochkanzel führt. Da fällt mir ein kleiner Pfad auf, der sich vom Moorgraben hinaufzieht, aber nicht Richtung Hochkanzel. Neben Reh- und Fuchsspuren auch markante Dachstritte. Klar, das war Bilbo. Ich folge der Spur nach oben, Quinze brav an meiner Seite. Die Dachstritte verschwinden in einem kleinen, alten Nebenbau. Jetzt fällt er mir auch wieder ein, keine zweihundert Meter unterhalb der Hochkanzel. Da sitzt also mein Freund jetzt drin. Warum aber ist er hier eingezogen, hat die gemütliche Felshöhle verlassen? Hat es Ärger mit Diggi gegeben? Die Felshöhle doch ungeeignet? Oder sollte gar…? Aber daran will ich noch nicht denken. Man lernt ja auch niemals aus. Das ist aber auch der Reiz, mit aufgezogenen, ausgewilderten Wildtieren noch zusammenarbeiten zu können.

Ich werde der Felshöhle am Abend einen Besuch abstatten, der erste im neuen Jahr. Ich bin neugierig, wie sich Diggi mir gegenüber nach monatelanger Trennung verhält. Vielleicht erfahre ich auch, warum Bilbo ausgezogen ist. Vor meinem Heimweg mit Quinze decke ich beide Ausgänge von Bilbos Absteige mit ein paar dünnen Zweigen kreuzweise ab. Ihre Lage wird mir, bevor ich in der Nacht in die Höhle zu Diggi schlüpfen will, verraten, ob Bilbo bereits im Revier unterwegs ist. Es könnte ja sein, dass er nach Bauaustritt doch kurz die Felshöhle aufsucht. Dort in der Enge möchte ich noch nicht unbedingt mit ihm zusammentreffen. Nach dem Abendessen also wieder hinauf zur Hochkanzel, ohne Quinze. Sie darf mich nachts nicht mehr begleiten, seit Diggi und Bilbo draußen im Revier leben, wenn es uns beiden auch schwerfällt. Gegen neun Uhr bin ich oben. Alle Kontrollzweige an Bilbos Absteige liegen noch unberührt über den beiden Einfahrten, er steckt also noch im Bau. Oder habe ich etwas übersehen, und er war am Tage gar nicht drin? Kann nicht sein, ich werde etwas warten. Der Sitzstock wird so gestellt, dass er meine Anwesenheit nicht gleich mitbekommt, und das Licht der Stirnlampe auf schwach geschaltet. Die Kamera, wie meist, schnell einsetzbar. Keine Dreiviertelstunde, sein Kopf taucht in der vorderen Röhre auf, er nimmt Duftkontakt an den Kontrollzweigen und schiebt sich langsam nach draußen. Einen Moment steht er sichernd, schüttelt, wie immer, kräftig den Pelz und setzt sich zügig auf seinem Pfad zum Moorgraben in Bewegung. Ein erstes kurzes Wiedersehen nach seiner Winterruhe. Die Luft ist also rein für mich, um nun, auch das erste Mal, Diggi im neuen Heim zu besuchen. Auch wir haben uns ja vier Monate nicht mehr gesehen. Ich bin sehr gespannt.

So weit das Lampenlicht den Kriechgang erfasst, ist er noch passierbar. Milde, fast warme Luft kommt mir entgegen, ein Gemisch von Erde, Heu, Gestein und unverkennbar auch dem moschusähnlichen Dachsgeruch. Zuvor entledige ich mich noch des dicken, wattierten Parkas, der den Gang nur noch enger macht, und hänge ihn vor dem am Kriechgang aufgestellten Eichstock, mein derzeitiger „Bodyguard". Auch wenn Bilbo im vergangenen Jahr einmal wie trostsuchend zu mir kam, ist es doch ratsam, mich mit etwas Handfestem auszurüsten. Bäuchlings, Rucksack und Kamera voran, schiebe ich mich in den Kriechgang. Er scheint irgendwie kleiner geworden oder ich habe über die Feiertage etwas angesetzt, denn ständig bleibt der Pullover an irgendwelchen Steinspitzen hängen. Es ist aber alles nur Gewohnheit, schließlich muss das Felskriechen nach Monaten erst wieder geübt werden. Ein bisschen ein ungutes Gefühl begleitet mich doch, denke ich an Bilbo. Immer wieder zeigt er mir gegenüber ein recht zwiespältiges Verhalten, ist dann aber auch wieder sehr freundlich. Ich melde mein Kommen mit leisem Rufen ihres Namens, um mich als vertrauten Besucher auszuweisen. Unter der Felsplatte, der Kriechgang ist hier etwas breiter, halte ich an und leuchte in die Höhle. Das Heu haben sie wohl nach ihrem Einzug noch mit etwas Laub und Waldgras ergänzt. Es ist zum großen Teil weggeräumt, wahrscheinlich auch in die hintere kleine Höhle. Von Diggi nichts zu sehen. Nur eine neugierige Waldmaus zwischen den alten Baumwurzeln an der Felswand. Einige Sekunden Stille, dann wieder mein leises Fragen nach Diggi und Warten. Es raschelt, und in der senkrechten Öffnung zum hinteren Höhlenteil erscheint Diggis Kopf. Leise rede ich mit ihr. Sie prüft schnüffelnd und löst sich langsam aus dem Halbdunkel der kleinen Höhle. Selbstsicher, wie früher, kommt sie auf mich zu. Nach kurzem Stillhalten fährt sie mit ihrer feuchten Nasenspitze über meine Hand, das Gesicht und beschnüffelt den Pullover. Die ganze Zeit kraule ich sie dabei am Hals. Noch immer unsere alte Diggi, und das jetzt mit Beginn ihres vierten Jahres.

Im Herbst des vorigen Jahres hat sie sich zwei Mal mit dem neunzehn Monate alten Bilbo gepaart. Wenn alles geklappt hat, könnte sie in diesen Wochen ihre ersten Jungen bekommen. Doch sie sieht noch ganz und gar nicht danach aus. War die Paarung erfolgreich, ist die befruchtete Eizelle zunächst in eine Keimruhe gefallen. Erst im folgenden Dezember, also vor zwei Monaten, hätte die eigentliche Entwicklung der Embryonen dann begonnen. Prüfend taste ich ihre Flanken ab. Aber bei solch kompaktem Körper ein sinnloser Versuch, irgendetwas von Trächtigkeit feststellen zu wollen. Ein erster Hinweis darauf wären die kleinen haarfreien Bereiche um ihre vier Paar Zitzen, die sich wenige Tage vor der Geburt bilden. Fühlen kann ich nichts. Beim Versuch, Diggi auf die Seite zu legen, um vielleicht etwas sehen zu können, wehrt sie sich aber energisch, entzieht sich meinen Händen und verschwindet schnell wieder in der hinteren Höhle. Verständlich, ihr Unwille, wenn nach geruhsamer Winterruhe, plötzlich so rabiat zugepackt wird. Ich werde, wenn Bilbo mir keinen Strich durch die Rechnung macht, sie auch in den kommenden Nächten besuchen. Soweit es die Höhle zulässt, mache ich es mir ein wenig bequem und lösche das Licht. Weich liegt es sich, im noch immer sehr sauberen, trockenen Heu-Grasgemisch. Behaglich die Temperatur, absolute Stille und moschusähnlicher Geruch, der die ganze Höhle füllt. Eine zwar nicht typische, aber doch gemütliche, winterliche Dachsbehausung, in der man sich sogar wohlfühlen kann. Wo lässt sich Winterruhe besser pflegen, als in solcher Atmosphäre? Dabei waren die beiden nur notgedrungen hier eingezogen. Manchmal, so meint wenigstens die Familie, würde auch ich bereits diesen Höhlenduft ausstrahlen.

Es wird Zeit für den Rückzug. In dieser Jahreszeit sind die bereits aktiven Rüden oft noch nicht die ganze Nacht unterwegs. Das gilt auch für Bilbo, der vielleicht zufällig heute wieder bei Diggi vorbeischaut. Warum er aber überhaupt ausgezogen ist, das kann mein Höhlenbesuch auch nicht klären. Aber es war ein gelungenes Wiedersehen zwischen Diggi und mir.

Am nächsten Abend, dem zwölften Februar, begebe ich mich erst gegen Mitternacht zum Hochaltar, um ganz sicher zu sein, dass Bilbo schon im Wald unterwegs ist. Kontrollzweige hatte ich an seiner Absteige nicht mehr ausgelegt. Es ist kälter geworden. Doch der Wind, in den Nachmittagsstunden noch lautstark durch die kahlen Baumkronen pfeifend, hat sich während des Aufstieges beruhigt. Nur die knirschenden Schritte im frostigen Schnee stören die nächtliche Stille. Bevor ich in den Kriechgang einfahre, prüfe ich den Schnee vor beiden Eingängen sehr genau, ob nicht doch eine neue frische Spur von Bilbo hineinführt. Nein, es bleibt bei der einen, als er über die Steinmulde die Höhle verlassen hatte. Diggi war überhaupt noch nicht draußen. Wie üblich drücke ich mich wieder mit meinem Zubehör durch den Fels. Unter der Felsplatte kurze Pause. Von der Öffnung zur Höhle ist nichts mehr zu sehen, ganz mit Heu und Gras ausgefüllt. Eigenartig, gestern war doch das meiste Heu noch im hinteren Bereich? Behutsam schiebe ich einen Teil davon zur Seite, um in die Höhle schauen zu können. In ihrer Mitte etwas aufgetürmt ein größerer Heuhaufen, sonst ist nichts zu sehen. Totenstille, auch nicht das kleinste Rascheln. Doch ich spüre, es ist etwas da. Vorsichtig durch den Eingang und wieder Halt, um ganz konzentriert hören zu können. Ja, da ist es, ein feines, wie ungleichmäßiges Atmen. Flüsternd mein fragendes „Diggi?" Geduldiges Warten, doch nichts. Langsam noch ein Stückchen weiter in die Höhle. Überaus störend das unvermeidliche Knistern und Rascheln dabei. Aber es geht nicht anders, möchte ja an dem Heuhaufen vorbeisehen können. Rucksack und Lampe sind unter der Felsplatte abgelegt, die Stirnlampe ist ausreichend, und die Kamera, wenn auch hinderlich, in einer Hand dabei. Ein wenig drücke ich vom Heuhaufen

Februar im Dachsbau.
Und die große Frage war:
Würde Diggi
Junge bekommen?

Ja. Denn es gibt zweifellos einen Grund, warum die Dachsfähe so zusammengerollt daliegt.

etwas zur Seite. Ja, dort liegt sie, Diggi, vor der hinteren Höhlenwand, zusammengerollt, mit dem Rücken zu mir, sie scheint zu schlafen. Vorsichtig mache ich einige Fotos aus meiner beschwerlichen Lage, keine Reaktion von ihr. Hat sie nichts wahrgenommen, oder fühlt sie sich nicht gestört? Ich lösche das Licht und warte ab, ob sich etwas tut. Da! Wie ganz feine, kurze Fieplaute. Wieder Stille. Diggi träumt, auch mir macht die Müdigkeit langsam zu schaffen. Auf keinen Fall aber darf ich... Da unterbricht wieder ein solch zartes Geräusch meine Gedanken. Ein bisschen lauter, und jetzt meine ich, auch ein zweites gehört zu haben. Nein, das ist nicht Diggi, das sind ihre ersten Jungen! Aufregung hat mich gepackt, das Herz klopft mir bis zum Hals. Jetzt lässt sich auch ihre Körperhaltung erklären. Ganzseitig umschließt sie wärmend die Jungen. Aber keines ist zu sehen, so sehr ich mir auch Mühe gebe. Die Abstände zwischen den einzelnen Fieplauten werden kürzer. Sicher sind es schon einmal zwei Junge, die bettelnd ihren Hunger melden. Diggi hebt etwas den Kopf, ändert ein wenig ihre Lage und zieht mit einer Vorderpfote wohl ein Junges näher an ihr Gesäuge, doch erkennen kann ich nichts. Ungleichmäßig leises Schmatzen, Diggi hat auf die Bettellaute der Jungen reagiert. Ich versuche, mit der Kamera eine andere Position einzunehmen, um etwas von den Jungen zu sehen, doch die Platzverhältnisse lassen es nicht zu. Weitere Versuche meinerseits unterbleiben, um größere Störungen zu vermeiden. Vielleicht ändert Diggi weiter ihre Lage, wenn die Jungen gesättigt sind, ich warte. Jetzt, sie streckt etwas den Körper, stellt sich auf die Vorderpfoten, und nun sehe ich auch zwei ihrer allerersten Jungen. Doch nur kurz, denn gleich nach dem leckenden Pflegen der Jungen, legt sie sich wieder schützend um sie. Was für ein Gefühl, das wieder draußen in freier Wildbahn erleben zu dürfen!

Glücklich und ganz entspannt, lasse ich mich für einen Augenblick ins Heu nieder. In Ruhe lässt sich nun auch besser über das alles so aufregend Neue nachdenken. Könnte es sein, dass Bilbo sich wegen der bevorstehenden Geburt vorübergehend zur Tagesruhe in den kleinen Nebenbau zurückgezogen hat? Vielleicht spielt dabei auch das verhältnismäßig kleine Felshöhlensystem eine Rolle. Ähnlich verhielt sich einer meiner Rüden, als in der Felshöhle das allererste Mal Junge zur Welt kamen. Zwei Tage vor der Geburt wurde die Dächsin dem Rüden gegenüber sehr dominant und verweigerte ihm für mehrere Tage den Eintritt in die Geburtshöhle zu den Jungen. Daraufhin zog auch er sich zurück, aber nur in die hintere kleine Höhle.

Alle Sinne der Dachsfähe sind gespannt.
Mit aufgestellten Ohren äugt Diggi zum Durchgang.
Achtung, jetzt kommt der Dachsvater in den Bau!

Unvermittelt äugt jetzt Diggi plötzlich mehrmals mit aufgestellten Ohren angespannt zum Durchgang der hinteren Höhle. Jetzt fällt mir auch Bilbo wieder ein. Hat sie etwas wahrgenommen? Gebannt behalte auch ich den Durchgang im Auge und versuche ebenfalls etwas zu hören. Doch bei aller Anstrengung, da ist nichts. Diggi lauscht aber noch immer, ich habe ein ungutes Gefühl. Es wird doch nicht etwa Bilbo draußen vor der Steinmulde sein, den sie bereits wahrgenommen hat? Jetzt höre ich es auch, ein lauter werdendes, schleifendes Geräusch – da schiebt sich etwas durch die enge Steinmulde. Das kann nur er sein, wer sollte sonst in die Höhle kommen? Wenn mir auch nicht ganz wohl dabei ist, ich bleibe und erwarte ihn. Wie wird er sich im Kreis seiner neuen Familie mir gegenüber verhalten? Auch wenn ich noch zur Sippe gehöre, bin ich jetzt sicher ein ungebetener Eindringling. Denn bereits einige Tage nach der Geburt der Jungen wird er versuchen, sich wieder mit Diggi zu paaren. Da werde ich natürlich zum Nebenbuhler.

Ja, es ist Bilbo, der jetzt im Durchgang auftaucht. Er scheint von meiner Anwesenheit überrascht, doch hat ihn bestimmt seine gute Nase schon draußen davon unterrichtet. Dennoch, die angehobene Vorderpfote deutet an, er ist sich wohl nicht ganz sicher. Vielleicht ermöglicht diese Haltung einen schnelleren Fluchtstart, wenn es sein muss. Auch bei Max sah ich das schon, wenn er überrascht einen Moment stehenblieb und dann erst flüchtete. Unbeweglich starrt Bilbo zu mir herüber. Er hat wohl nichts Unlauteres im Sinn, doch es ist besser, ich ziehe mich zurück. Langsam, Zentimeter für Zentimeter, rutsche ich rückwärts dem Kriechgang zu, ihn aber immer im Auge behaltend. Eine doch etwas angespannte Situation, auf dem Bauch liegend ihm nichts entgegensetzen zu können, wenn es sein muss. Da macht sich plötzlich Diggi, aufrecht bei den Jungen sitzend, mehrmals mit tiefen, grollenden Lauten bemerkbar. Ich kann mich nicht erinnern, jemals solche Laute bei ihr gehört zu haben. Auf jeden Fall sind dies Drohlaute. Gelten sie mir? Wohl nicht, denn Diggi schaut nach wie vor gebannt zu Bilbo, der sich nach den Drohlauten ein paar Schritte rückwärts bewegt. Also eine Warnung an ihn, wohl das Nest mit den Jungen (noch) nicht zu betreten. Während Bilbo das ganze Jahr Diggi dominiert, für ein paar Tage nach der Geburt der Jungen ordnet er sich ihr unter. Ein spannendes Intermezzo zwischen den beiden, das meine Lage natürlich entschärft, aber ich bleibe weiter auf dem Rückweg. Nach dem Wendeplatz unter der Felsplatte geht es in entgegengesetzter Richtung wieder in den Kriechgang und auch etwas schneller. Vereinzelt höre ich noch Drohlaute von Diggi, er ist also noch in der Höhle. Noch habe ich die Gangkrümmung nicht erreicht, da meine ich, dahinter leise knirschende Laufgeräusche zu hören. Es wird doch nicht etwa Bilbo sein, der mir da im Kriechgang entgegenkommt? Das wäre mehr als unangenehm. Noch ist er nicht sichtbar, doch beginne ich schon einmal mit Gebrüll, im Gang schallt es besonders laut. In ähnlichen früheren Situationen waren meine ernsthaft angreifenden Rüden dadurch zumindest einen Augenblick irritiert, sodass ich mich in der kurzen Phase schnell in Sicherheit bringen konnte. Vielleicht sind überlaute Geräusche in allernächster Nähe für ihre empfindlichen Gehöre unangenehm. Doch für Bilbo, der jetzt tatsächlich hinter der Krümmung auftaucht, noch kein Grund sich zurückzuziehen. Meine Stimme wird lauter, aber auch heiser. Er kommt bestimmt nicht zur Begrüßung des Sippenmitgliedes.

Sofort nehme ich den großen Rucksack vor mir vom Boden auf und versuche damit, den Querschnitt des Ganges soweit es geht auszufüllen. Wenn der Blick auf Bilbo auch etwas versperrt ist, gibt der Rucksack doch ein wenig Sicherheit. Bilbo hat sich sofort im Rucksack verbissen, um wild daran zu zerren und zu schütteln. Zwischendurch lässt er wieder davon ab und versucht, sich zwischen Felswand und Rucksack hindurchzudrücken. Mit aller Kraft muss ich mit dem Rucksack dagegenhalten, ohne mit dem Gebrüll nachzulassen. So geht es einige Zeit hin und her. Dann versucht er es grabend unter dem Rucksack, was aber gottlob am felsigen Boden scheitert. Wie lang ich den Angriffen ausgesetzt bin? Kein Zeitgefühl in dieser Phase, auf jeden Fall eine Ewigkeit. Plötzlich keine Bewegungen mehr auf der anderen Seite, nur noch sein Hecheln. Auch ich atme schwer, halte aber den Rucksack noch immer stramm und fest. Ist noch etwas zu hören? Kurz den Atem angehalten. Nein, nur leises Rauschen des Nachtwindes vom Eingang des Kriechganges. Bilbo hat sich mit den erfolglosen Angriffen wohl abgefunden und ist nun hoffentlich wieder draußen. Vorsichtig drücke ich ein wenig den Rucksack zur Seite und verschaffe mir mit der Lampe einen Blick durch den Kriechgang bis hinaus zu den ersten Bäumen. Nichts, kein Dachs hier, auch keiner dort. Doch Vorsicht ist noch immer geboten, Bilbo hat ja auch Geduld. Etwas mitgenommen liege ich auf dem sandig-steinigen Boden. Nicht auszudenken, wenn er die Rucksackbarriere durchbrochen hätte! Vorsichtig rutsche ich nach einer Viertelstunde langsam zum Ausgang. Immer wieder anhaltend, ob sich nicht doch irgendwelche verdächtigen Geräusche nähern. Endlich, der Ausgang ist erreicht. Bevor es aber ganz hinausgeht, wird der umgebende Wald und der Steinmuldeneingang prüfend ausgeleuchtet. Ein befreiendes Gefühl nach dieser körperlichen und nervlichen Belastung, sich nun wieder aufstellen und strecken zu können. Frostig kalt der abgehängte Parka, als ich hineinschlüpfe, aber bald wärmender Schutz vor dem kalten Nachtwind, der wieder heftig zu Gange ist. Angelehnt an der frostigen Felswand, kramen die kalten, steifen Finger das Telefon aus der Tasche. Mühsam das Tippen, deshalb auch nur kurz: „Zwei aufregende Erlebnisse, bin auf dem Heimweg.“ Den Eichstock gepackt, der mir in der Enge auch nicht geholfen hätte, und ab durch den schneereichen dunklen Wald.

Wie wohltuend das Gehen nach stundenlanger Steifheit, das nun auch meinen Gedanken wieder freien Lauf lässt. Jetzt erst kann ich mich so richtig freuen über den ersten Nachwuchs von Diggi. Erstaunlich, dass in der vorausgegangen Nacht von der bevorstehenden Geburt bei ihr überhaupt nichts zu bemerken war. Interessant aber ihr kurzfristiger Nestumbau von der hinteren kleinen in die vordere größere Höhle. Und das hatte, so vermute ich, einen sehr triftigen Grund. Weniger wegen der Größe, sondern mehr der Lage der kleinen Höhle wegen. Sie liegt fast einen halben Meter tiefer als die vordere Höhle, ist deshalb jetzt auch etwas kälter. Dazu die kurze Verbindung über die Steinmulde nach außen. Zwar nur geringfügig, aber Diggi hat das sicher schon vor der Geburt ihrer Jungen gespürt und das Heu wieder nach vorne in die temperiertere Höhle geschleppt.

Die Jungen kommen ganz nackt zur Welt. Sie sind sehr kälteempfindlich, ihr dichtes warmes Unterkleid beginnt etwas später erst zu wachsen. Deshalb sterben bei den Wilddachsen ungefähr 25 Prozent der Jungen in diesem Alter auch an Unterkühlung. Und das aggressive Verhalten von Bilbo? War er wegen mir, als vermeintlichen Nebenbuhler, in die Höhle gekommen? Ich vermute es, denn in dieser Zeit bin ich kein befreundetes Sippenmitglied, sondern nur ungeliebter Rivale.

Heftiges Schneetreiben hat eingesetzt. Aber auch das kann meine gute Stimmung nicht mindern, und bald zeigt sich auch verschwommen unser Hoflicht. Obwohl wenig Schlaf, bin ich schon am frühen Morgen hellwach. Im Felsbau wieder junge Dachse zu haben, und noch dazu die ersten von Diggi, lässt mich gar nicht richtig zur Ruhe kommen. Wie viel, ob sie alle gesund sind und die noch unerfahrene Diggi auch richtig der Welpenpflege nachkommt? Die Erstgeburt ist auch für sie ein Einschnitt in ihr bisheriges Leben. In einer ungewöhnlichen Stresssituation könnte sie auch überreagieren und die Jungen fressen. Es ist deshalb ratsam, sie sich mit den Jungen einige Tage allein zu überlassen, um unnötige Unruhe zu vermeiden. Jeden Tag aber vergewissere ich mich gemeinsam mit Quinze, ob sich anhand von Spuren um die Felshöhle etwas Unregelmäßiges ereignet hat. Doch alles ist und bleibt wie zuvor. Auch Bilbo hält die Tagesruhe noch in seiner Absteige und ist, wie meine Kontrollzweige verraten, jede Nacht unterwegs. Einzelne Spuren deuten an, dass er aber auch einige Male bei Diggi in der Höhle gewesen sein muss.

Nach gut einer Woche mein zweiter Besuch in der Kinderstube. Wenn dort alles zufriedenstellend läuft und Diggi mir es „erlaubt“, werde ich auch versuchen, die Jungen zu wiegen. Mir fehlen zu den Daten, die ich über Dachse schon gesammelt habe, unter anderem noch Gewichte der Welpen in diesem Alter. Wie immer, melde ich im Kriechgang meinen Besuch an.

Vom Höhleneingang sehe ich bereits Diggi liegend im Nest. Aufmerksam schaut sie, den Kopf etwas erhoben, zu mir herüber, legt sich aber gleich wieder hin. Leise rede ich, was mir gerade so einfällt, um eine vertrauliche Atmosphäre zu schaffen, und nähere mich dabei vorsichtig rutschend dem Nest. Kurz davor bleibe ich liegen. Drei wohlgenährte Junge hängen schmatzend an den Zitzen. Die Jungen finden sie bereits alleine, durch ihren schon guten Geruchssinn. Nur muss Diggi manchmal mit den Vorderpfoten nachhelfen, um das eine oder andere während des Säugens an der oberen Zitze festzuhalten, dass es nicht herunterrutscht. Über Diggis Mutterpflichten muss ich mir also keine Gedanken mehr machen.

Kinderstube.
Die ersten Bilder von Diggis erstem Nachwuchs.

Sie scheint wieder zu dösen, genießt das Säugen ihres Nachwuchses. Bald folgen ihr auch die Jungen mit prall gefüllten Bäuchen. Nach zwei, drei Stunden werden sie sich wieder hungrig bemerkbar machen. Müdigkeit hatte die ganze Familie erfasst, und auch ich bin, durch die kurze letzte Nacht, nicht weit davon entfernt. Bei aller Annehmlichkeit in der Höhle heißt es aber wachbleiben. Ich will ja nichts versäumen und muss nach wie vor noch immer mit Bilbo rechnen, auch wenn er jetzt vermutlich immer die ganze Nacht unterwegs ist.

Eine gute Stunde tut sich nichts, nur leises Atmen von Diggi und ab und zu das kurze Fiepen eines schlafenden Jungen. Diggi beginnt sich wieder zu bewegen, steht auf, schnüffelt mir ein wenig in den Haaren, an der Stirnlampe und wendet sich dann den Jungen zu. Nach und nach wird jedes vorsichtig mit den Grabkrallen etwas gedreht, um sich ihren Hinterteilen zu widmen. Leckend animierte sie die Jungen zur Abgabe von Urin oder Kot, der wenig später als fingerdickes helles Würstchen austritt und sofort von ihr gefressen wird. So bleibt das Nest lange Zeit sauber. Nach dieser kollektiven Körperpflege schlafen die Jungen schnell wieder ein.

Dachskinder.
Sie werden nackt geboren und sind zu Beginn äußerst kälteempfindlich.

Auch Diggi verspürt wohl jetzt das Bedürfnis, sich zu lösen. Bevor sie aber die Jungen verlässt, zieht sie mit den Grabkrallen etwas Heu über die kleine Gesellschaft, als Wärmeschutz während ihrer Abwesenheit. Zur Erledigung ihrer Geschäfte verlässt sie, in diesem Alter der Jungen, aber die Höhle noch nicht. Innerhalb des Felsbaues, in einer abgelegenen Ecke des Kriechganges, setzt sie ihren Kot ab. Unverständlich bei ihrer sonst so großen Reinlichkeit, aber die Nähe zu den Jungen ist ihr jetzt wichtiger. Sie hinterlässt aber nur wenig Kot. Und doch habe ich beim unachtsamen Kriechen durch den Gang manchmal mit ihm schon unangenehme Bekanntschaft gemacht. Diggi ist jetzt auf solch einem Klogang. Ihre Abwesenheit ist zum Wiegen der Jungen günstig. Schnell die kleine Waage, und aus dem Nest den ersten Welpen. Wie eine kleine dicke Wurst liegt er still in der Hand, ein Männchen, 520 Gramm schwer. Augen und Ohren sind noch geschlossen, nur das Näschen ist offen, muss ja auch Diggis Zitzen erschnüffeln können. Fast nackt, nur spärlich dünn die langen, grauen Haare. Das kälteschützende, helle, dichte Unterkleid darunter fehlt noch, wächst aber bald nach. Doch die so markante schwarzweiße Kopfmaske ist schon gut sichtbar angedeutet. Wieder ins Nest mit ihm. Der nächste, ein Weibchen, mit 500 Gramm ein wenig leichter, sonst alles das Gleiche. Nun schnell noch den dritten, wieder ein Männchen mit 530 Gramm. Gerade will ich ihn ins Nest zurücklegen, da sehe ich doch drei der großen Flöhe auf seinem Bauch. Nach Diggis erster Winterruhe im Forsthaus hatten wir keinen einzigen entdeckt. Doch wildlebende Dachse werden von diesen kleinen Untermietern häufig besiedelt. Während ihrer gemeinsamen Winterruhe haben die Flöhe es natürlich auch besonders leicht, von einem zum anderen Wirt zu wechseln. Ich will den Welpen wieder ins Nest legen, da tritt Diggi, aus dem Kriechgang kommend, bereits an mich heran. Wird sie ärgerlich wegen des Welpen in meiner Hand? Nein, sie beschnuppert ihn nur und nimmt ihn, ohne hektische Bewegungen, mit dem Fang mir vorsichtig aus der Hand. Ein großer Vertrauensbeweis mir gegenüber. Aber sie scheint wohl doch nicht einverstanden mit meinem Eingriff während ihrer Abwesenheit. Sie trägt den Welpen, wie danach auch die beiden anderen, sofort in die hintere kleine Höhle. Das länger anhaltende Rascheln von Heu lässt vermuten, dass sie die Jungen wieder besonders warm bettet, dann herrscht Totenstille.

Eine Zeitlang werde ich nun Diggi mit meiner Anwesenheit verschonen. Sie ist ja jetzt auch nur mit der Pflege ihrer Jungen beschäftigt. Und Bilbo wird sich, in der Zeit häuslichen

Vorsichtiger Welpentransport im weit geöffneten Fang. Der Kleine wird in einen sicheren und warmen Bauwinkel verfrachtet.

Unfriedens, jetzt besonders der Überprüfung seiner Grenzstellen widmen. Auch wenn Grenzen zwischen benachbarten Artgenossen keine strenge Trennung bedeuten, ist es doch wichtig, seine Besitzanzeige durch neue Markierungen immer auf den letzten Stand zu bringen. Auch auf diesen seinen winterlichen Grenzgängen werde ich versuchen, mich in den kommenden Nächten Bilbo einmal anzuschließen.

Achtes Kapitel

Kleiner Anlass, aber unvergessene Folge

Nach dem letzten Besuch bei Diggi und den Jungen in der Felshöhle bin ich mehrere Nächte Bilbo auf seinen winterlichen Streifzügen gefolgt. Von seiner heftigen Rivalität vor einigen Nächten im Kriechgang war ihm zwar nichts mehr anzumerken, doch bin ich nach wie vor auf der Hut, kenne ihn ja lang genug. Neben gelegentlicher Nahrungssuche, wo Schneelage und frostfreier Boden es zuließen, war er vor allem zu seinen Grenzstellen unterwegs. Damit bestätigt Bilbo, wie schon erwähnt, dass ausgewachsene Rüden mit eigenem Territorium nach ihrer Winterruhe mit als erstes die Markierungsgruben in ihren Grenzstellen überprüfen. Wo nötig, werden vom vergangenen Jahr vorhandene nur wieder mit frischen Duftstoffen versehen, oder es werden neue Gruben angelegt. Von dem letzten dieser gemeinsamen winterlichen Streifzüge mit Bilbo zu seinen Grenzstellen sei nun im Besonderen berichtet.

Wie in den vorausgegangenen Nächten sitze ich wieder an seiner Absteige unweit der Felshöhle. Noch immer hält er hier seine Tagruhe. Zwischendurch hat er aber auch, an den Spuren erkennbar, Diggi in der Felshöhle hin und wieder einen Besuch abgestattet. Ob sie ihm jetzt wohl das Betreten des Nestes erlaubt? Auch ich werde mich später bei ihr wieder sehen lassen, wenn Bilbo sich mir gegenüber, wie früher, etwas kooperativer zeigt. Herrlich, die mondhelle Winternacht, aber kalt ist es. Der Eingang des kleinen Baues, unter dem Rest einer alten Baumwurzel, ist ohne Lampen noch gut zu erkennen, wenn sich der Mond nicht gerade hinter einer eilig dahinziehenden Wolke versteckt. Aus dem Gestrüpp hinter mir verlässt eine Amsel schimpfend ihren Schlafzweig, als ich noch einmal aufstehe, um die Filmkamera auf meinen Sitzplatz auszurichten. Es wäre doch interessant, sein Verhalten mir gegenüber in einem Film festzuhalten, vorausgesetzt, er kommt auch zu mir.

Eine leichte, kalte Brise zieht mir ins Gesicht, gut so, dann spürt Bilbo auch nicht gleich etwas von meiner Anwesenheit. Zur Zeit bin ich aber zufrieden mit ihm. Er beäugt mich zwar manchmal etwas länger, starr und aufmerksam mit aufgestellten Ohrmuscheln, doch dabei bleibt es auch. Steht er doch jetzt auch unter großem Stress. Diggi, sonst das ganze Jahr ihm gegenüber unterwürfig, ist plötzlich aufmüpfig und gibt ihm vielleicht auch noch keine Gelegenheit, sich mit ihr zu paaren. Auch in dieser Hinsicht muss sein aggressives Verhalten damals im Kriechgang beurteilt werden. Gleich einundzwanzig Uhr. In die Stiefel zieht langsam die Kälte, und auch sonst wird es recht ungemütlich. Ein Schluck heißer Tee täte jetzt gut, doch vom Griff in den Rucksack lasse ich ab, denn eben schiebt sich unter dem Holz langsam Bilbos Kopf heraus. Ich komme mir manchmal vor, an einem Wilddachsbau zu sitzen. Denn er und auch Diggi verhalten sich, seit sie draußen leben, vorsichtig und scheu, wenn sie den Bau verlassen. Auch ein Beweis für ein gelungenes „Zurück in die Natur“. Nur dass ich bei ihm noch, als Kumpan oder Sippenmitglied, etwas auf konkurrierende Rivalität achten muss.

Er hat mich doch wahrgenommen. Keine Bewegung, starr sein Blick zu mir, wenn er auch keine Details erkennt, sein Augenlicht ist ja sehr schwach. Die kleinen buschigen Ohrmuscheln aber auf Empfang gestellt. Hören kann er fast so gut wie riechen. Mit geräuschvollem Schnüffeln prüft er den Wind, bekommt nun doch meinen vertrauten Duft und tritt langsam heraus. Einen Augenblick steht er noch sichernd, dann bewegt er sich langsam zu mir herüber. Das erste Mal in den Nächten, in denen ich hier auf ihn wartete. Doch mir ist etwas mulmig nach unserem letzten Treffen im Kriechgang. Welchen Grund aber soll er haben, mich hier draußen, fern von Diggi und der Höhle, zu attackieren? Es sei denn, er hat Tollwut. Doch diese Krankheit gehört weitgehend der Vergangenheit an. Keine hektischen Bewegungen auf seinem Weg zu mir. Die Ohrmuscheln in lockerer Stellung und während des Laufens auch einmal die Nase suchend im Schnee. So nähert sich kein aggressiver Dachs. Doch täuschen lasse ich mich nicht mehr so schnell. Hatte ich doch da einmal eine Hand voll dicker Regenwürmer und bot sie ihm vor unserem nächtlichen Streifzug an. Jeden einzelnen nahm er vorsichtig aus der Hand und fraß ihn. Am Ende aber vergaß er sich ganz plötzlich und biss kräftig in zwei Finger. Die nachfolgende Tour aber verlief in gewohnter Weise friedlich. Auch heute ist wohl nichts mehr zu befürchten. Schnell Kamera und Leuchte abgebaut, denn er ist bereits eilig auf dem Pfad hinunter zum Moorgraben unterwegs.

Ob er heute auch wieder eine seiner Grenzstellen zwecks Kontrolle aufsucht? Zu drei Grenzstellen hatte er mich im Laufe unserer letzten Streifzüge hingeführt. Er sucht aber jetzt schon mehr, in den schneearmen Bereichen, recht intensiv nach Nahrung. Unterhalb vom Hexentanz, nicht weit vom Feld, hat Claus in Nähe des Hochstandes eine Maisfütterung für Sauen angelegt, sie im letzten Jahr aber nicht beschickt. Sicher sind noch verstreut Maiskörner im Boden, denn Bilbo ist dort heftig und schnell am Graben. Er scheint auch etwas gefunden zu haben, bewegt sich aber dabei dauernd hin und her, als ob er an etwas ziehen würde. Ist wohl doch etwas Größeres, im Erdreich fest eingebettet. Er probiert es von der anderen Seite. Muss eine erstrebenswerte Beute sein, bei so viel Mühe. Das Nahrungsangebot ist ja im Februar selbst für einen Dachs noch nicht so groß. Ruckweise bewegt er sich jetzt langsam rückwärts und zieht dabei das Fell einer toten schwarzen Katze hinter sich her. Jetzt fällt es mir auch wieder ein. Claus, auch großer Katzenliebhaber, hatte vor längerer Zeit eine völlig heruntergekommene Katze geschossen. „Selbst da tat sie mir leid, als ich auf sie anlegte", erzählte er mir später. „Aber sie sah elend aus, furchtbar dünn, am Körper viele haarlose Stellen und konnte sich auch nicht mehr richtig fort bewegen. Es war auf jeden Fall eine Erlösung für sie. In der Nähe vom Hochstand habe ich sie vergraben, zwei Jagdspaten tief."

Für Bilbo aber noch nicht tief genug. Viel Verdauliches ist allerdings nicht mehr dran. Aber wenn sich Nahrung knappmacht, dann ist für Bilbo auch spärliches Aas eine Alternative, nur verwest darf es nicht sein. Weiter geht es auf dem Wildpfad in Richtung Wiesenbau. Kommt mir ganz gelegen, wenn er dort hinwill. Nachdem das Forstamt im vergangenen Jahr den Windbruch dort abgeräumt hat, bin ich nicht mehr da gewesen. Viel ist vom Bau nicht zu sehen, als wir ihn erreicht haben. Die wenigen Baueingänge, die der Orkan und Windbruch verschont hatten, liegen versteckt unter einer fast noch geschlossenen Schneedecke. Bilbo kann sich natürlich an den Bau erinnern und ist auf Suche nach noch offenen Röhren. Längere Zeit hält er die Nase in eine der Erdröhren, die in die Tiefe des Baues führen. Ein Leichtes für ihn, seinen und Diggis Geruch noch von ihren Renovierungsarbeiten im vergangenen Jahr zu erkennen. Das könnte ihn doch irgendwann zu einem Umzug aus der Notunterkunft „Felshöhle" hier in den Wiesenbau anregen. Ich rechne eigentlich ganz fest damit, aber wegen der noch kleinen Jungen nicht in nächster Zukunft.

Die Murr, nicht weit vom Wiesenbau und noch tief gefroren, haben wir passiert und stehen jetzt auf einem Holzweg, der längs des Baches bis zur Wolfsschlucht entlangführt. Bilbo, etwas unschlüssig wo weiter, setzt dann aber auf einen der hier gelagerten Windbruchstämme, erst einmal stempelnd seine Markierung, die erste in dieser Nacht. Sie ist, wie immer, auch so etwas wie ein Nachweis für seine Anwesenheit gegenüber Artgenossen, aber auch Wegweiser für ihn in seinem Territorium. Mir ist aufgefallen, dass er jetzt bei viel Schnee seine Markierung immer an schneefreien Baumstämmen, Steinen und Ähnlichem absetzt und nicht wie üblich am Boden. „Er ist eben klug, dein Bilbo", meinte Claus lachend dazu, „mit dem Schnee geht auch irgendwann seine Markierung weg, und hier hat er die Lösung dafür gefunden". Nur kleine Nebensächlichkeiten, aber wert, auch darüber nachzudenken.

Ich möchte eigentlich gern weiter zur „großen Grenzstelle" oben auf dem Plateau, denn dort war ich im Winter noch nie mit ihm. Aber Bilbo entscheidet, wohin es geht, und ich will

Die wichtigsten Aufgaben für den Dachsrüden nach der Winterruhe: Nahrung suchen und Grenzstellen markieren.

Hier findet Bilbo Aas,...

... dann hält er prüfend die Nase in eine fast zugefallene Erdröhre vom Wiesenbau,...

... die er sogleich stempelt. Das Stempeln erfolgt bei Schneelage nicht wie sonst am Boden, sondern höher, im Trockenen, damit der Duft länger hält.

ja bei ihm bleiben. Noch befasst er sich aber mit den Stämmen. Ich probiere es einfach einmal alleine und mache mich querwaldein zum Plateau. Nach etwa zwanzig Metern folgt er im Trab meiner Spur. Das überrascht mich, aber es könnte ja sein, dass er sowieso auch dorthin will, denn er übernimmt gleich wieder die Führung. Der schuhtiefe Schnee macht jeden Meter aufwärts schwerer. Bilbo hat auch die kleinen, recht unbeholfenen Sprünge über irgendwelche schneebedeckten Hindernisse aufgegeben, krabbelt jetzt einfach über sie hinweg. So mühen wir uns noch bis zum nahen Geröllfeld. Dort treffen zwei Pfade aufeinander, der eine weiter hinüber zur Teufelsschlucht, der andere in den Köhlersgrund. Das lässt hoffen, dass er auch zum Grenzplateau mit der „großen Grenzstelle“ will. Soweit ich es bei der Schneelage noch beurteilen kann, führt dieser Pfad auch genau dort hin.

Nach zwei Stunden ist das Plateau erreicht. Vom Waldrand leuchte ich es mit der Handlampe langsam ab. Nichts, auch auf der „großen Grenzstelle“ tut sich nichts. Sie liegt in einer länglichen, größeren Bodensenke, die Max vor Jahren, aus welchen Gründen auch immer, für seine Markierungsgruben gewählt hatte. Siebenunddreißig fand ich bei der letzten Zählung. Von Zeit zu Zeit kommen neue hinzu und alte verschwinden. Bilbo ist jetzt natürlich auch daran beteiligt. Manchmal wird ein und dieselbe Grube, in verschiedenen Nächten, auch von beiden benutzt. Hängt vielleicht mit dem Inhalt der hinterlassenen Duftinformationen zusammen. Kot, der auch gewisse Duftnachrichten beinhaltet, findet sich nur in wenigen Gruben. Bilbo ist schon auf der Grenzstelle unterwegs. Die bleibt durch die dichtstehenden kräftigen Fichten, selbst bei starkem Schneefall, weitgehend davon verschont. Vielleicht war das für Max auch ein Grund, die Grenzstelle hier anzulegen. Bilbo prüft den Inhalt verschiedener Gruben wohl auf ihre Wichtigkeit und hinterlässt gleich darauf, wo es angebracht ist, seine Antwort in Form von Sekrettröpfchen. Schließlich hat auch er, mit einer eigenen schnell ausgehobenen Grube, aber etwas zu sagen.

Bilbo hat plötzlich seine Tätigkeiten unterbrochen. Angespannt steht er auf der Grenzstelle und äugt hinüber zum Hang, vor dem die ansteigende Schlucht von der Bachweide entlangführt. Ich versuche auch etwas wahrzunehmen, aber Bilbos Gehör vermag ich natürlich nicht zu folgen. Manchmal übertreibt er aber und hört wohl auch den Fall einer Tannennadel. Doch er steht noch immer wie angewurzelt. Da muss doch etwas in der Schlucht sein, vielleicht gar Max? Rasch, aber möglichst leise auf den Hochstand. Langsam gleitet das Licht des Hand-

Angespanntes Sichern an der Grenzstelle. Hat Bilbo den ewigen Rivalen Max wahrgenommen?

Es ist Max!
Wie wird die Begegnung zwischen den beiden diesmal verlaufen?

scheinwerfers durch die Schlucht nach unten. Ja, dort bewegt sich was, fast am Ausgang zur Bachweide. Doch zu dunkel und verschwommen, um zu sehen, was es ist. Fast dreihundert Meter zieht sich die Schlucht nach unten. Sollte Bilbo auf diese Entfernung die Geräusche schon wahrgenommen haben? Unwahrscheinlich, ich vermute, er hat Wind bekommen. Noch immer ist ein ständiges Hin und Her da unten, das sich jetzt anscheinend ganz langsam auch nach oben zu bewegen scheint. Jetzt erkenne ich es auch, die etwas helle Kopfmaske eines Dachses. Klar, das ist mit Sicherheit Max! Hurtig wieder die Leiter runter, um rasch die Filmkamera an der kurzen Rinne aufzustellen, über die er wohl immer die Schlucht verlässt, wenn sein Ziel die Grenzstelle ist. Und schon sitze ich auf meinem oft genutzten bemoosten Baumstamm, in windgünstiger Waldrandecke. Das gesamte Plateau und auch den größten Teil der Grenzstelle habe ich von hier gut im Auge. Auch ist es viel spannender die Dachse auf gleichem Niveau zu beobachten als aus luftiger Höhe.

Da ist er schon, Nachbar Max. Bevor er aus der Rinne steigt, bleibt er stets einige Zeit sichernd darin stehen. Kamera läuft, Licht an. Max zuckt ein wenig zusammen, bleibt aber stehen. Im Laufe einiger Jahre ist er ja an Derartiges schon etwas gewöhnt. Scheu aber noch immer, wenn er meine Nähe wahrnimmt. Längst herrscht wieder Waldesstille und Dunkelheit auf dem Plateau, aber noch immer hat sich Max nicht bewegt. Nur orientiert er sich jetzt hin zum gegenüberliegenden Waldrand. Wegen Bilbo? Ja, wo steckt der Kerl denn überhaupt? Wird sich doch nicht wegen Max etwa abgesetzt haben? Auf der Grenzstelle ist er jedenfalls nicht mehr. Ich folge der Richtung, wohin sich Max orientiert, kann aber nichts erkennen. Da entdecke ich Bilbo gegenüber am Waldrand auf der anderen Seite des Plateaus. Auch er scheint Max im Blick zu haben. Wie hell sich doch ihre Kopfmasken von der umgebenden Dunkelheit abheben. Bei Mondschein dienen sie ganz sicher auch zur Erkennung untereinander. Bin gespannt, was die beiden mir heute präsentieren. Max bewegt sich als erster, verlässt die Rinne und nähert sich der Grenzstelle. Wenig später geht Bilbo ihm langsam entgegen.

Trotz friedlicher Nachbarschaft scheint nach ihrer heftigen Auseinandersetzung im vergangenen Jahr doch ein etwas gespanntes Verhältnis zwischen ihnen zu bestehen. Wie sollte ich sonst ihr kontrolliertes gegenseitiges Vorbeigehen auf Abstand beurteilen? Jeder dabei den anderen nicht aus den Augen lassend? Ist es vielleicht Rivalität, da die Paarung kurz bevorsteht oder bereits stattgefunden hat? Hängt es mit der vergangenen Winterruhe zusammen und den derzeitigen Überprüfungen ihrer Grenzstellen? Egal, es wird schon irgendwelche Gründe haben. Gespannt warte ich, wie sich ihre Begegnung heute Nacht noch entwickeln wird. Da lässt mich, wie der Blitz aus heiterem Himmel, lautes hölzernes Brechen und dumpfes Aufschlagen hinter mir zusammenfahren. Wie elektrisiert sind auch beide Dachse schnaufend aufgeschreckt und im Galopp verschwunden. Ein Blick zurück, mein unbedacht aufgehängter Rucksack hatte sich selbstständig gemacht. Laut mache ich meinem Riesenärger mit einem Schwall schlechter Worte Luft.

Max lässt sich in dieser Nacht nicht mehr blicken. Bilbo aber erscheint nach fünfzehn Minuten wieder auf dem Plateau. Er scheint unsicher zu sein und bleibt stehen. Warum aber ist er wieder zurückgekommen? Wegen Max? Oder gar wegen mir? „Bilbo?", fragend meine gedämpften Worte, auch wenn er auf seinen Namen jetzt nicht mehr hört. Er hebt nur den Kopf in meine Richtung, löst sich aus seiner „Hab-acht-Stellung" und läuft schnell hinüber zur Grenzstelle. Während ich Filmkamera und Zubehör abbaue, beschäftigt er sich wieder mit der einen und anderen Markierungsgrube, ganz ohne Hektik. Wenig später sehe ich Bilbo, wie er weiter unten in der Mulde wie besessen eine weitere Markierungsgrube aushebt. Ein derartig

Rivalität befeuert.
Wie besessen gräbt Bilbo
eine Markierungsgrube,...

...um anschließend eine
Duftmarke zu setzen.

erregtes Graben ist mir bisher bei ihm noch nicht aufgefallen. Gut, dass der Fotoapparat noch in der Nähe ist, denn so etwas sollte ich versuchen, festzuhalten.

Bilbo ist aber so ungestüm am Werk, dass ich mich sofort wieder vor einem Schwall von Steinchen und kleinen Erdbrocken zurückziehe. Über vier Meter schleudert er sie kraftvoll nach hinten. Seine große Eile weist vielleicht auf eine besonders wichtige Botschaft von ihm an Max hin. Nur Sekunden, die er dafür braucht, denn schon steht er mit dem Hinterteil darüber, um Dufttropfen darin abzusetzen. Ich begebe mich zur Filmtasche, um das Objektiv von einigen Schmutzteilchen zu reinigen. Bilbo hat in der Zwischenzeit die Grenzstelle verlassen und folgt schnüffelnd im Schnee meiner Spur zum Rucksack, der inzwischen an einem alten Zaun hängt. „Da ist nichts für dich drinnen", rufe ich ihm noch zu. Er schnüffelt zwar kurz daran herum und setzt dann aber stempelnd eine Markierung – und just an dem Pfosten, dem ich vor nicht langer Zeit auch meine „Aufwartung" gemacht hatte. Könnte es sein, dass er damit mit mir kommunizieren will, überlege ich noch? Er prüft mit der Nase noch einmal seine Duftbotschaft – und meine eigene? – und setzt sich, fast im Trab, in Richtung meines Standortes auf der anderen Seite des Plateaus in Bewegung. Er benimmt sich dabei auffallend hektisch, will möglichst schnell vorwärtskommen. Selbst die höhere Schneewehe inmitten des Plateaus umgeht er nicht, sondern kämpft sich mühsam hindurch, wird dabei aber auch langsamer. Kaum hat er das Hindernis überwunden, kommt er aber die letzten Meter im Galopp auf mich zu. So begannen eigentlich früher immer unsere friedlichen Kampfspiele, aber das hier ist ein ernsthaft geführter Angriff! Bevor ich reagieren kann, hat er sich bereits in der Lederhose über dem Knie festgebissen. Beide Vorderläufe fest gegen das Bein gestemmt, schüttelt und zerrt er mit aller Kraft ruckartig an dem Leder. Er schnauft, scheint über alle Maßen erregt. Mit festen Schlägen der Lampe auf Kopf und Schnauze versuche ich ihn abzuwehren. Anfangs reagiert er nicht darauf, dann, eine Ewigkeit für mich, lässt er von der Hose ab, tritt etwas zurück. Bei all seiner Robustheit, die Schläge haben ihn wohl doch etwas beeindruckt. Mit einer Vorderpfote wischt er sich über die Schnauze, schüttelt mehrmals den Kopf. Diesen Moment nutzend, versuche ich, rasch rückwärtsgehend, an den Hochstand zu kommen. Nach wenigen Schritten hat er mich aber wieder erreicht. Beide Vorderläufe umklammern das rechte Bein so fest, dass die langen Grabkrallen sich in der Wade stechend bemerkbar machen. Er packt erneut in der Lederhose zu, jetzt unterhalb vom Knie. Rasch mit dem linken Stiefel ihm einen Tritt, so fest es nur ging, in den Bauch gegeben. Dabei fällt das Nachtglas, und die Lampe rutscht aus der Hand. Unerreichbar jetzt, ein leuchtender Punkt im Schnee. Nichts mehr, womit ich mich ein bisschen verteidigen könnte. Bilbo lockert den Zubiss nicht, hängt halb an der Hose. Ich versuche wieder, mit kleinen Schritten rückwärts, der rettenden Leiter näherzukommen. Dabei schleife ich Bilbo mit seinem Hinterteil regelrecht durch den Schnee. Die Vorderpfoten noch fest um die Wade, versucht er immer wieder an anderer Stelle am Bein zuzubeißen. Das ist riskant, wenn er dabei an die ungeschützte Wade kommen würde. Ich muss jetzt, in Nähe der Leiter, irgendwie versuchen, mich von ihm zu befreien. Mit aller Kraft packen beide Hände seine Decke am Genick und Hals, um ihn von der Hose loszureißen. Nicht ungefährlich, der Versuch, und auch erfolglos. Wie ein Schraubstock hält sein Gebiss das Hosenleder fest. Mit einem Stiefel stoße ich zufällig an etwas Größeres, Festes, das locker am Boden liegt. Vielleicht kann es helfen. Vorsichtig, aber doch hastig, beuge ich mich etwas zur Seite, um danach zu greifen. Es scheint ein größeres Holz, mit Astresten, und sehr schwer, fast nicht zu heben. Doch Panik, die mich langsam befällt, macht Unmögliches möglich. Langsam ziehe ich es, schneenass, nach oben. In diesem Moment lässt Bilbo von der Hose ab, und gleich danach spüre ich im rechten Bein, oberhalb vom Stiefel, einen entsetzlich stechenden Schmerz – jetzt hat er es erwischt. Ich versuche, trotz großer Schmerzen, es wegzuziehen, doch er hält fest. Meine Schreie werden lauter. Ein großes Glück, dass mir dabei das Holz nicht wieder aus den Händen glitt. Krampfhaft halte ich es in den Händen, suche bei Bilbo nach einem für ihn spürbaren Ziel und stoße es mit Schwung und Schrei nach unten, auf seinen Rücken. Mit einem gellenden Schrei, wie damals beim Überfall von Max, gibt er das Bein wieder frei. So geschwind danach war ich noch nie auf einer Leiter. Erschöpft schnaufe ich lang und tief durch. Im Moment kein Schmerz. Aber eine recht tiefe, halbe Zündholzschachtel große Wunde, die genäht werden muss. Bilbo steht noch an gleicher Stelle mit gesenktem Kopf. Vielleicht hat das Holz auch Kopf und Fang, die empfindlichsten Körperteile, getroffen? Mit den Krallen wischt er sich darüber, schüttelt häufig den Pelz und streckt mehrmals den Rücken, dann setzt er sich.

Drei Uhr morgens. Bilbo sitzt noch immer im Schnee. Ob ihm das schwere Holz doch geschadet hat? Langsam steht er auf, schüttelt sich nochmals, befasst sich einige Zeit mit den aus den Taschen gerutschten Kleinigkeiten, die verstreut im Schnee liegen und verlässt nach etwa zwanzig Minuten im Trott das Plateau. Längere Zeit verbleibe ich noch auf dem Hochstand, bevor es vorsichtig hinuntergeht. Hurtig, aber unter gebotener Vorsicht wird alles Herumliegende eingesammelt. In Begleitung eines kräftigen Astes geht es durch den mondhellen Kiefernwald nach Hause. So schnell wie üblich aber nicht, die Wunde beginnt arg zu schmerzen und bluten. Der Grund für Bilbos plötzlich so aggressives Verhalten war zweifellos meine kleine „Hinterlassenschaft“, ich hatte mich vorhin erleichtert, an dem Pfosten. Vielleicht aber hat auch anderes noch dazu beigetragen. Die kurzzeitige Anwesenheit von Max, die Nähe der Grenzstelle oder was auch immer. Entscheidend aber sicher mein Nachlass, der für Bilbo möglicherweise die Markierung eines Rivalen bedeutete.

In der langsam heraufziehenden Morgendämmerung zeigen sich die ersten Umrisse des Forsthofes. Ein sehr beschwerlicher Weg liegt hinter mir. Rasch den gröbsten Schmutz von Kleidung und Stiefeln, eine kurze Notiz auf den Tisch und ab mit dem Wagen ins Krankenhaus zur Notaufnahme. Vor der Behandlung wie immer der Aufnahmeschein: „Was und wie ist es passiert?“ Bei zwei ähnlichen, aber nicht so heftigen Begegnungen mit anderen meiner ausgewachsenen Dachsrüden wurde in der Notaufnahme weder Tat noch Täter verraten. Das würde in unserer oft unmenschlichen Bürokratie Tausende Fragen nach sich ziehen. Deshalb musste damals unser Rauhaardackel Hummel dafür geradestehen. Aber schon beim zweiten Mal meinte da der Notarzt: „Wohl kein echter Freund, dieser Dackel?“ Die Verletzung in dieser Nacht ist aber ungleich schwerer. Der Notarzt meint dazu: „Eine ungewöhnlich aufgerissene Fleischwunde, wie haben Sie sich diese denn zugezogen?“ Nun, in Anbetracht der ärztlichen Diagnose lässt sich die Notlüge Hundebiss nicht mehr aufrechterhalten. Täter und Tat werden mit allen nötigen Einzelheiten preisgegeben. „Etwas ganz Neues in meiner langjährigen Praxis“, befand der Arzt. Nachdem alles gesagt war, bat ich ihn, wenn möglich, in seinen Unterlagen den Täter nicht zu nennen. „Natürlich, er bleibt unter uns“, nickte er mir zu. Die Wunde wurde nach örtlicher Betäubung gereinigt, desinfiziert, lockere kleine Fleischfetzen herausgeschnitten, mehrfach genäht und dick verbunden. „Allerdings“, so der Arzt weiter, als er das Ende der Binde mit einem Pflaster befestigte, „eine bleibende Narbe wird Sie immer daran erinnern. Gönnen Sie dem Bein jetzt Ruhe, und keine größeren Streifzüge in den nächsten Tagen“.

Neuntes Kapitel

Zurück im Wiesenbau

Die schmerzhafte Attacke von Bilbo hat mir im Nachhinein doch einige Probleme bereitet. Zwei Mal musste ich in die Klinik und bekam, zu meinem Leidwesen, noch ein paar Tage Ruhe verordnet. Die haben mir aber auch, nach den aufreibenden Nächten mit Bilbo, sehr gut getan. Mit Zustimmung des Arztes war ich aber bald wieder auf ersten kleinen Spaziergängen, die ich von Tag zu Tag weiter ausdehnte.

Heute nun, ein herrlicher Märztag, geht unser Spaziergang hinauf zur Felshöhle. Ganz beschaulich und ohne Eile. Auch Quinze genießt sichtlich ihre erste größere Tour, die sie so lange entbehren musste. An der Felshöhle machen wir, meinem Bein zuliebe, eine längere Rast. Der ansteigende, 2,5 Kilometer lange Pfad war für mich doch schon ein wenig anstrengend. Aber es gibt Kondition, die ich mir wieder erlaufen muss. Kriechgang und Steinmulde, die ich zur Kontrolle ausleuchte, sind noch passierbar. Nur im Kriechgang liegen drei faustgroße Felsbrocken. Schon bei früheren Höhlenbesuchen waren mir gelegentlich kleinere aus Decke und Wand ausgebrochene Stücke aufgefallen. Einmal sogar in der Höhle selbst. Das ganze einsehbare Höhlensystem wurde daraufhin, soweit möglich, auf lockeres Gestein überprüft. Nicht auszudenken, wenn ein größerer Brocken auf die Welpen treffen würde! Sonst ist alles, wie es war. Nichts hat sich groß verändert. Nur die vielen kleinen Frühlingsboten beginnen langsam die Hochkanzel wieder etwas bunter zu gestalten. Was wird mir das Jahr mit meiner nun größeren Dachsfamilie, einer richtigen kleinen Sippe, jetzt nun alles bringen? Wie lange wird Diggi mit ihren Jungen in diesem für sie unnatürlichen, kleinen Bau noch bleiben? Wird sie umziehen, und wohin? Vielleicht in den Wiesenbau? Bilbo hatte ja auf unserem letzten winterlichen Grenzgang dort bereits intensive Duftkontrolle in einigen noch vorhandenen Röhren des Baues genommen. „Lassen uns überraschen, nicht?“, sage ich zu Quinze, die, neben mir sitzend, auch ihren Imbiss verdrückt. Weiter dann zur Absteige von Bilbo. Ob er sie zur Tagruhe noch bewohnt? Es sieht ganz danach aus. In der Röhre liegen alte und frische Grasreste, hat also auch sein Ruhenest erneuert. Ungewöhnlich, dass er nicht längst wieder in die Felshöhle umgezogen ist. Womöglich liegt das an der jetzt größeren Familie. Weniger Platz und zunehmende Unruhe durch die Jungen. Wichtig für mich, seinen derzeitigen Tagesaufenthalt zu wissen, um mich vor den kommenden Nachtbesuchen bei Diggi darauf einstellen zu können. Nach dem Zwischenfall auf dem Plateau sind wir uns nicht mehr begegnet, und ich möchte nicht gleich in der Höhle mit ihm wieder zusammentreffen. Ganz auszuschließen ist

Bilbos Absteige, während in der Felshöhle seine Jungen liegen. Frische Grasreste geben einen eindeutigen Hinweis darauf, dass der Dachsrüde den Bau zur Tagesruhe benutzt.

Nach Wochen wieder ein Besuch beim Dachsnachwuchs in der Felshöhle. Die Kleinen drücken sich ängstlich in die hintere Ecke.

Zwölf Wochen alt. Aus dem kaum behaarten Welpen ist ein richtiger kleiner Dachs herangewachsen.

das aber, bei aller Vorsicht, auch nicht. Zur Zeit kommt ein Höhlenbesuch für mich aber ohnehin nicht in Frage. Erst, sobald es mir etwas besser geht, um an der weiteren Entwicklung der Jungen noch ein wenig teilhaben zu können.

Vier Tage nach dem Spaziergang mit Quinze zum Hochaltar ist es heute endlich soweit. Nach Wochen wieder der erste Besuch bei Diggi und den Jungen. Aus gutem Grund erst nach 23 Uhr, da ist Bilbo in der Regel längst im Wald unterwegs. Im Kriechgang begleitet mich bereits lautes Keckern und Kreischen der Jungen in der Höhle. Die Gangdurchquerung dauert jetzt etwas länger, fehlt mir doch noch die alte Beweglichkeit. Auch sind die heruntergefallenen kleinen Felsbrocken seitlich abzulegen. Ich melde mich wie immer mit leisen Rufen an. Sofort ist es in der Höhle mucksmäuschenstill. Am Eingang zur Höhle mache ich kurz Halt.

Im Schein der Stirnlampe entdecke ich die Kleinen in der hinteren Ecke, neben dem Durchgang zur zweiten Höhle. Ängstlich haben sich zwei ins Heu gedrückt, der dritte äugt aber neugierig zu mir herüber. Von Diggi nichts zu sehen noch zu hören, sie ist unterwegs. Ein Stück schiebe ich mich noch in die Höhle. Dort mache ich es mir, soweit möglich, an der anderen Höhlenseite auf dem Bauch liegend ein wenig bequem, Kamera und Lampe griffbereit. Das dabei raschelnde Heu hat die Welpen keineswegs verschreckt. Vielleicht überrascht, dass neben dem vertrauten Duft von Diggi jetzt noch ein anderer, fremder Geruch in der Höhle ist. Ganz still bleibe ich liegen. Das scheint die Neugier des mutigsten Welpen noch mehr zu beflügeln. Langsam, sehr langsam, nähert er sich dem unbekannten Etwas.

Wie schnell aus den dünn behaarten, fast nackten Welpen in rund zwölf Wochen doch ein richtig kleiner Miniaturdachs herangewachsen ist! Anfangs tippt er nur vorsichtig mit der Nasenspitze an Lederhose und Schuhe. Bald wird daraus intensives Schnuppern, denn er hat wohl rasch herausgefunden, dass an dem Unbekannten auch vertrauter Duft von Diggi haftet. Anfassen lässt er sich aber nicht, und das soll auch so bleiben. Keine fünf Minuten findet er meine Gerüche interessant, dann zieht er sich wieder zu seinen Geschwistern zurück. Auch die haben sich an den neuen Mischduft in der Höhle gewöhnt, denn bald ist sie wieder erfüllt vom lauten Herumtollen der kleinen Bewohner. Keiner beachtet mich mehr. Bis in die letzten Winkel der beiden Höhlen sind sie abwechselnd sich jagend und kämpfend unterwegs. Dabei stoßen sie auch schnell an die äußeren Grenzen des kleinen Höhlensystems, die sie aber nicht übertreten. Es ist für ihr turbulentes Treiben viel zu klein. Ein natürlicher, weitverzweigter Erdbau mit vielen Höhlen und langen kurvenreichen Gängen ist für die Entwicklung der sehr bewegungsfreudigen Jungdachse auch viel günstiger. Plötzlich bricht die kleine Schar das Gerangel ab und postiert sich erwartungsvoll am Ausgang zur hinteren Höhle. Noch habe ich nichts gehört. Doch als einer, gleich darauf ein zweiter, mit aufgeregt begrüßendem Keckern beginnt, vernehme auch ich in der Steinrinne Geräusche. Mir fällt sofort Bilbo ein. Doch die wenigen Male, die ich ihn mit den Jungen erlebt habe, ist er von ihnen nie so aufgeregt empfangen worden wie Diggi, die jetzt auch im Durchgang erscheint. Ihre Mimik macht einen prüfenden, aber vertrauten Eindruck, hat sie doch meine Anwesenheit sicher schon längst registriert, betritt die Höhle aber nicht sofort. In der Fachliteratur fand ich einen Hinweis, dass eine Dächsin bei vermuteter Gefahr ihre Jungen nicht verteidigt, sie einfach im Stich lässt. Derartige Aussagen, ohne belegte Beispiele zu nennen, sind für eine ernsthafte Diskussion uninteressant.

Für Diggi und mich jedenfalls, die wir uns schon Jahre kennen, ist das kein Thema mehr. Sie tritt ein und wird sofort von den hungrigen Welpen umlagert. Nach einigen kurzen Begrüßungszeremonien legt sich Diggi seitlich ins Heu. Es kommt zu Gerangel zwischen den

Ziemlich lange war die Dächsin fort. Nach ihrer Rückkehr in den Bau wird Diggi von ihren Jungen nun regelrecht belagert.

Trautes Familienleben in der engen Felshöhle. Jedes Familienmitglied bekommt seinen Stempel aufgedrückt und ist dann am Geruch erkennbar.

Jungen, bis jeder seine bevorzugte Zitze gefunden hat, dann nur noch beruhigendes Schmatzen. Zwischendurch das kurze ärgerliche Fiepen eines Jungen, dem wohl die Zitze aus dem Mäulchen gerutscht ist oder die Milch nicht schnell genug fließt. Noch werden sie ausschließlich durch sie ernährt. Soweit ich das bisher beobachten konnte, kommt Diggi nur noch ein Mal in der Nacht zurück zur Höhle, um die Jungen zu säugen. So findet sie jetzt auch mehr Zeit, um für sich selbst Nahrung zu suchen. Winterruhe, Geburt und Aufzucht der Jungen haben sie um einige Kilogramm schlanker gemacht. Nach halbstündiger Zwischenmahlzeit der Jungen nimmt sich Diggi der Reihe nach jeden einzelnen vor, um den Stuhlgang zu prüfen. Ist er schon sichtbar, wird er sofort aufgenommen und gefressen. So bleibt das Nest lange Zeit sehr sauber. Es ist immer ein besonderes Gefühl, in dieser Atmosphäre ein bisschen intimes Familienleben miterleben zu dürfen. Doch jetzt wird das lange Liegen, beengt und bewegungslos, für mein Bein etwas unangenehm. Deshalb verändere ich immer wieder etwas meine Lage. Das geht nicht geräuschlos, und schon wird die ganze Gesellschaft auf mich aufmerksam. Diggi, ihren Nachwuchs soweit versorgt, findet nun auch ein wenig Zeit für mich. Schnüffelnd fährt sie mir mit der feuchten Nasenspitze durch die Haare, übers Gesicht, die Lederhose bis hin zu den Stiefeln. Eine umfassende Geruchskontrolle, wohl zufriedenstellend. Denn als Bestätigung setzt sie auf meinen Rücken stempelnd ihre Duftmarke ab. Das überrascht, denn draußen im Revier zeigt sie schon lange Zeit keine Neigung mehr, meine Sippenzugehörigkeit mit ihrem Stempel zu bestätigen. Vielleicht scheint es ihr hier in der Höhle bei den Jungen aber wichtig. Auf jeden Fall bin ich nach drei Jahren damit noch immer Mitglied der jetzt größeren Sippe. Selbst die Jungen, die die Felshöhle für Ausflüge noch nicht verlassen, werden schon von Diggi markiert. Diese Duftstempel sind sehr bedeutungsvoll. Sie sind die Ausweise ihrer Träger. Jeder gestempelte Dachs weist durch diesen Duft gegenüber fremden Artgenossen nach, dass er Mitglied einer ganz bestimmten Sippe ist. Auch untereinander erkennen sich die Mitglieder einer Sippe an ihrem speziellen Sippenduft. Später markiert jeder jeden der Familie, auch Bilbo. So entsteht ein Sippenmischduft, der jeden meiner kleinen Dachsfamilie auszeichnet. Die Jungen sind soweit versorgt und noch recht lebhaft wieder unterwegs.

Diggi beginnt in der hinteren Höhlenecke eine größere Menge des Nestes dicht zusammenzukratzen. Unkontrolliert sieht es für mich aus, aber sie hat wohl ihr System, denn wenig später legt sie sich hinein. Ihre Nachtarbeit ist beendet, die Tagesruhe beginnt. Es ist nur ein leichtes

Schlafen, mehr ein Dösen. Ein paar Minuten beobachte ich sie noch dabei, dann ist auch für mich die Nacht zu Ende. Gegen fünf Uhr ziehe ich mich aus der Höhle zurück. Endlich wieder im Freien, welche Erleichterung nach Stunden der Enge! In mehrtägigen Abständen besuche ich die Felshöhlenfamilie wieder, aber nicht mehr über die ganze Nacht. Bilbo hat sich während meiner Anwesenheit kein einziges Mal blicken lassen, was ich ihm aber auch gar nicht übelnehme.

Wie die Felshöhle, steht in diesen Wochen aber auch der Wiesenbau im Mittelpunkt meiner Beobachtungen. Den ersten Hinweis, dass er für meine Dachse vielleicht wieder interessant werden könnte, bekam ich ja schon von Bilbo. Das sagt zwar noch nichts aus, aber wer weiß? Auf jeden Fall wird der Wiesenbau auf den Tagestouren mit Quinze immer auf mögliche frische Erdbewegungen hin kontrolliert, wie auch heute. Großflächig überzieht ihn der Farn, dazwischen Waldgras, die verschiedensten Krautpflanzen und herumliegende astreiche Stammreste vom Windbruch. Nur an einzelnen größeren Erdhügeln lassen sich die Lage und Ausdehnung des Baues in etwa noch erkennen. Teils sind noch alte Röhren sichtbar, die auch Bilbo schon entdeckt hatte. Auf der Suche nach frischen Grabspuren gehe ich das Gelände ab, nichts. An einigen Stellen hat das flache Wurzelwerk der großen Fichten sogar Abschnitte von Erdröhren freigelegt, die nur wenig tief unter der Oberfläche verlaufen. Das tieferliegende Höhlensystem scheint in seiner Gesamtheit soweit noch intakt.

Versteckt unter einer Hecke, fällt mir frische, lockere Erde auf. Neugierig drücke ich mich darunter und entdecke eine offene Röhre mit wahllos herausgeschleuderter Erde. Gleich fällt mein Verdacht auf Reineke, der stets die Erde so unordentlich aus dem Bau befördert. Die Pfotenabdrücke, die ich aber in der weichen Erde finde, gehören zu einem Dachs. Zwar arbeitet auch er manchmal so schluddrig beim Angraben einer neuen Röhre. Diese Röhre aber ist alt, ein Nebeneingang unten zum Bau. Kein Zweifel, hier war Diggi oder Bilbo am Werk. Das versetzt mich sogleich in hoffnungsvolle Stimmung, denn wenn hier renoviert werden sollte, ist ein Umzug aus der Felshöhle hier zum Wiesenbau nicht mehr fern. Zwei kleine gelb-rote verrostete Blechdosen, einst gefüllt mit dem tödlichen Gas Zyklon B, haben sie dabei auch nach draußen befördert. Überbleibsel aus Zeiten der Bauvergasung, die unendlich vielen Füchsen und Dachsen den Tod brachte. Ich rufe Quinze und gebe ihr mit Hinweis auf die Einfahrt den Auftrag „Such Diggi, Bilbo!“ Wohl ist keiner der beiden im Bau, aber vielleicht

Spuren des Todes.
Die Dachse haben hier beim Graben zwei verrostete Blechdosen, einst gefüllt mit dem tödlichen Gas Zyklon B, nach draußen befördert. Sie stammen aus Zeiten der Bauvergasung.

Bei der Ausfahrt aus dem Wiesenbau. Diggi beginnt mit dem Herrichten des neuen, alten Baues. Wann wird die Familie umsiedeln?

hängt von ihnen noch ein leichter Duft in der Röhre. Auf solche Duftreste fällt mein Hund natürlich nicht herein. Doch wenige Meter daneben, zwischen Fichten und Stammresten, scheint er was entdeckt zu haben. Auch eine in die Tiefe führende Röhre, stelle ich fest. Keine ausgeworfene Erde, keine Spuren, aber sie wird wohl häufig belaufen, wie ihr blanker Boden zeigt. Trotz weiter intensiven Suchens, es bleibt nur bei diesen beiden Baueinfahrten. Um sie auseinanderzuhalten, bezeichne ich sie einfach als Hecken- und Fichteneinfahrt.

Beide müsste ich nachts nun gleichzeitig beobachten. Unten auf der großen Waldwiese steht von Claus eine drei Meter hohe Alu-Ansitzleiter, die er lange schon nicht mehr nutzt. Die wäre richtig und auch nicht so schwer. Mit seiner Zustimmung transportiere ich sie am nächsten Tag zum Wiesenbau und stelle sie zwischen den beiden Einfahrten auf. Noch am selben Abend begebe ich mich also zum ersten Ansitz dort hin. Doch nichts tut sich, weder in dieser, noch in der darauffolgenden Nacht. Da fallen mir die Aufzeichnungen des Videos ein, das im vergangenen Jahr einzelne Arbeitszeiten am Bau aufgezeichnet hatte. Vorwiegend in der zweiten Nachthälfte, stelle ich fest, aber auch das ist nicht verlässlich.

Erst in der vierten Ansitznacht, zu mitternächtlicher Stunde, gibt es Bewegung am Wiesenbau. Zuerst ist es ein Baummarder, der in der großen Fichte gegenüber artistisch flink von Ast zu Ast nach oben unterwegs ist. Dann aber zeigt sich in der Heckeneinfahrt kurz ein Dachs. Ich glaube, es war Diggi. Habe sie gar nicht kommen sehen, oder sollte sie hier schon die Tagruhe gehalten haben? Nein, die Tagruhe hält sie bei dem Alter ihrer Jungen noch immer bei ihnen. Lange bleibt sie unten, über eine halbe Stunde. Ständig wechselt mein Blick zwischen den beiden Einfahrten. Jetzt, aus der Fichteneinfahrt, tritt sie heraus und sichert in die eine und andere Richtung. Nichts Verdächtiges, auch von mir bekommt sie natürlich keine Kenntnis. Doch möchte ich mich bemerkbar machen, dass auch hier am Wiesenbau wieder mit ihrem alten Elterntier zu rechnen ist. Einmal sehen, wie sie reagiert. Flüsternd nenne ich mehrmals ihren Namen. Wie erstarrt schaut sie sofort nach oben, die Gehöre aufgerichtet, eine Vorderpfote leicht angehoben, immer auf schnelle Flucht vorbereitet. Ist sie überrascht, verängstigt? Wohl nichts von beidem, denn sie beginnt, unbeeindruckt von meiner Anwesenheit, mit Einsammeln von herumliegenden Ästchen und Blättern. Wahrlich kein typisches Nestmaterial. Es muss weich und trocken sein, wie die Grasballen, die sie im vergangenen Jahr hier schon eingetragen hat. Vielleicht braucht sie für diese jetzt aus irgendwelchen Gründen eine etwas festere Unterlage? Auch die Ästchen kratzt sie mit den Grabkrallen zusammen und schafft sie rückwärtsgehend nach unten. Nur eine Portion scheint ihr zu genügen, denn sie lässt sich nicht mehr sehen. Schade, dass ich nicht, wie in der Felshöhle, sie dabei beobachten kann. Eine halbe Stunde später kommt sie aus der Heckeneinfahrt und verschwindet im Trab auf dem Hauptpfad in Richtung Moorgraben. Es könnte sein, dass sie zu den Jungen will, um zu säugen. Ich hätte ihr folgen sollen, aber es ging alles so schnell, und den Trab hätte mein Bein wohl auch noch nicht verkraftet. Was die Dächsin in diesen Wochen in einer Nacht doch so alles zu bewältigen hat: Welpenpflege in der Felshöhle, eigene Nahrungssuche im Revier, Arbeiten am Wiesenbau. Auch Bilbo ist gleichermaßen beschäftigt, nur an der Welpenpflege beteiligt er sich nicht. Durch Diggi habe ich nun die Gewissheit, dass der Wiesenbau bald ihr zukünftiger Mutterbau wird. Jetzt bin ich nur gespannt, wann sie sich für den Umzug entscheidet. Meiner Ansicht nach sind die Jungen für eine so große Strecke von mehr als einem Kilometer noch zu klein. Diggi wird aber wissen, was sie macht.

Die kommende Woche sind wieder anhaltend starke Regenfälle angesagt. Das bringt auch keinen Dachs zu Erdarbeiten außerhalb am Bau. Sollte der Wetterbericht Recht behalten, werde ich für einige Nächte meine Beobachtungen wieder in die Felshöhle verlegen. Bis dahin konzentriere ich mich weiter auf den Wiesenbau. Zwei erfolglose erste Nächte, kein Dachs lässt sich sehen. In der dritten Nacht aber wird dafür umso mehr gearbeitet, und das gleich in doppelter Hinsicht. Ich bin etwas später als sonst, sitze bereits eine halbe Stunde. Da erscheint in der Heckeneinfahrt Diggi, sich rückwärts mühsam nach oben bewegend und ein Häufchen Erde mit den Vorderpfoten hinter sich herziehend. Minuten später, ich traue meinen Augen nicht, Bilbo in gleicher Tätigkeit. Das erste Mal, dass ich beide gleichzeitig am Bau arbeiten sehe. Die Um- und Ausbesserungsarbeiten unten scheinen beträchtlich, deshalb wohl auch die gemeinsame Beschäftigung? Im Pelz hängen überall Reste von Erde und die sonst auffallenden Kopfmasken sind mehr grau als weiß. Drei Mal bringen sie noch „Bauschutt“ nach oben, dann tut sich in der Nacht nichts mehr. Die inneren Bauarbeiten sind also in vollem Gange, der Umzug rückt immer näher.

Schon ab dem Wochenende beginnt es unaufhörlich zu regnen. Zu viel für den Abfluss vom Weiher hinter dem Forsthaus. Ein Stück des Forstweges zum Dorf war deshalb wieder einmal nur mit Geländewagen passierbar und im Revier die Gummistiefel unerlässlich. Damit sind

Doppelt hält besser.
Jetzt bearbeiten beide
Dachse den zukünftigen
Mutterbau.

Diggi und ihre drei Jungen, noch in der Felshöhle: eine zufriedene Dachsfamilie.

Nur zusammenhocken ist aber langweilig. Gespielt muss auch werden!

auch die Ansitze am Wiesenbau, wie erwartet, erst einmal passé und die Felshöhle jetzt mein bevorzugter Aufenthalt. Gut, dass ich diese zwei Möglichkeiten habe. Bilbo hält die Tagruhe schon die ganze Woche nicht mehr in dem kleinen Nebenbau, aber auch nicht in der Felshöhle. Er muss sich dafür wohl bereits im Wiesenbau eingerichtet haben. In der Felshöhle hat sich nichts Wesentliches verändert. Die Jungen sind nur etwas größer und aktiver. Früh am Abend tollen sie oft im Kriechgang herum, verschwinden aber sofort, wenn ich mich hineinbegebe. Nach draußen kommen sie, auch wegen des noch immer starken Regens, nicht. Ist die übliche Welpenpflege durch Diggi beendet und alle zufrieden satt, sitzen sie manchmal noch in besinnlicher Runde zusammen. „Eine zufriedene Familie", meinen unsere Besucher zu diesem Bild. Ich ergänze dann immer lächelnd, „vor dem großen Umzug" und erkläre die Zusammenhänge.

Diggi bleibt jetzt nach dem Säugen der Jungen viel länger bei ihnen, bevor sie die Höhle in der zweiten Nachthälfte zur Nahrungssuche wieder verlässt. Sie befasst sich jetzt viel mit ihnen, ist häufig in Steinmulde und Kriechgang unterwegs, wohin alle Jungen ihr auch immer folgen. Sie benimmt sich schon etwas eigenartig. Deutet sich da etwa schon der Umzug an? Als sie wieder einmal vom Kriechgang zurückkommt, mache ich mich schnell nach draußen, um die beiden Eingänge zu beobachten. Vielleicht tut sich trotz Regen heute Nacht etwas? Er hat auch etwas nachgelassen. Nur von der Buche, unter der ich sitze, tropft es unaufhörlich von den Blättern. Einige Minuten muss ich mich gedulden, bis Diggis Kopf wieder in dem verwurzelten kleinen Ausgang der Steinrinne erscheint. Einen Augenblick, dann zieht sie sich etwas zurück und überlässt einem Jungen, das sich vorgedrängt hat, den Ausblick. Kurz danach verschwindet das Duo wieder nach innen. Es ist schon komisch, wie Diggi mit dem einen und anderen Jungen immer wieder zwischen Kriechgang und Steinrinne hin und her pendelt, um sich nur nach draußenhin zu orientieren. Sollte sie so etwas wie eine Wetterprognose machen? Ich kann mir aber noch immer nicht vorstellen, dass sie ihre noch kleinen Jungen animiert, ihr auf dem doch langen Weg zu folgen. In Gedanken stelle ich mir vor, wie die Familie aus einem der Ausgänge im Gänsemarsch herauskommt und sich unter Führung von Diggi auf dem Wildpfad hinunter zum Moorgraben und dann weiter zum Wiesenbau begibt. Da muss ich unbedingt dabei sein! Tatsächlich, da kommt sie aus dem Kriechgang, aber kein Junges folgt ihr. Sie verschwindet im Trab hinter dem Felsmassiv. Die zweite Nachthälfte gehört also wieder nur ihr, zur Nahrungssuche. Noch nichts mit Wohnungswechsel. Sicher hat sie sich, wegen des Wetters, doch für einen späteren Zeitpunkt entschieden.

Die ganze kommende Woche bleibt es noch sehr regnerisch. Da kann sich in der Felshöhle nichts Entscheidendes abspielen. Deshalb in Abständen auch nur drei kürzere Höhlenbesuche gemacht. Erst zum Wochenende beginnt sich das Wetter langsam wieder etwas aufzuhellen. Am heutigen Morgen fällt schon kein Tropfen mehr, und später, unter strahlender Sonne, steigen leichte Schwaden aus Wäldern und Wiesen, das Land beginnt zu trocknen. Ab jetzt darf ich die Felshöhle nachts nicht mehr aus den Augen lassen. Gleich heute schon geht es wieder hinauf. Vor zwanzig Uhr bin ich bereits oben, begutachte die beiden Eingänge und begebe mich in gewohnter Weise in den Kriechgang. Ungewöhnlich still ist es in der Höhle. Je näher ich komme, umso mehr wird mir gewiss, sie sind ausgezogen. Gedankenverloren sitze ich lange in der hinteren Höhlenecke. Einsamkeit ist wohl das richtige Wort, die mich angesichts der jetzt leeren, stillen Höhle ein wenig befällt. Ein Teil meines so intensiven Dachsabenteuers gehört nun der Vergangenheit an. Endgültig vorbei die vielen unterhaltsamen, aufregenden Stunden hier mit ihnen. Diggi hat zwar den starken Regen abgewartet, dann aber doch die kleine Gesellschaft mit auf den so weiten Weg genommen. Schade, ich wäre gern dabei gewesen. Im Heu entdecke ich, wie schon vor Tagen im Kriechgang, zwei weitere kleine Felsbrocken, die sich aus der Decke gelöst haben müssen. War das vielleicht auch ein Grund für Diggis überstürzten Auszug? Die Waldmaus aber, auch bei meinem ersten Höhlenbesuch mich schon neugierig beobachtend, wird sich jetzt wieder geborgen fühlen. Ich hoffe, dass mich die Dachse auch drüben am Wiesenbau weiter so interessant und abwechslungsreich unterhalten. Ihr Höhlenleben indes, das allein bleibt jetzt nur ihr Geheimnis.

Früh am folgenden Tag bin ich mit Quinze bereits am Wiesenbau. Ist sie denn hier überhaupt mit ihren Jungen eingezogen? Ich bin mir eigentlich sicher. Aber wer weiß, auf einer so großen Tour mit den Kleinen kann viel passieren, sind sie alle auch gut angekommen? Die Kontrolle von Hecken- und Fichteneinfahrt bringt verlässlich keine Hinweise.

Der Abendansitz wird Klarheit bringen. Herrlich, wieder über Stunden die frische Waldesluft genießen zu können statt der zwar nicht unangenehmen, aber muffigen Höhlenluft, und das in sehr beengter Lage. Je länger ich sitze, umso mehr mache ich mir aber Gedanken über ihre Anwesenheit. Endlich, nach zwei Stunden Warten, sind all meine Zweifel hinfällig. Gegen zweiundzwanzig Uhr verlässt Diggi die Fichteneinfahrt. Ohne sich groß um äußere Sicherheit

Nach dem Umzug
in den Wiesenbau.
Diggi erscheint in der
Einfahrt und bleibt sitzen.

Und nun erscheinen
erstmals auch die Jungen
vor dem Bau…

…und beginnen, die
Welt zu erkunden.
Ob dieser Tannenzapfen
verwertbar ist?

zu kümmern, setzt sie sich und scheint zu dösen, zumindest sieht es bei ihren geschlossenen Augen so aus. War der Umzug, alle Jungen möglichst rasch hierherzubringen, doch so beschwerlich? Keine halbe Minute gönnt sie sich diese scheinbare Ruhe, dann verschwindet sie wieder im Bau. Von den Jungen lässt sich keines sehen. Steckt der weite ungewohnte Weg noch in ihren kurzen, dicken Beinchen? Oder sind sie bereits am Erkunden der für sie unendlich langen Gänge und der vielen Höhlen? Eine gute Stunde nehme ich mir noch Zeit, doch es bleibt bei nur Diggis kurzem Auftritt. Auch wenn mir noch der Blick auf die ganze Familie fehlt, mache ich mich doch frohen Mutes auf den Heimweg.

Die erste Woche sitze ich jede Nacht am Bau, manchmal, bis Diggi am frühen Morgen wieder erscheint. Abends, auf dem Weg zum Bau, höre ich schon oben an der Murr das laute Keckern und Kreischen der kleinen Gesellschaft. Diggi ist dann meistens schon unterwegs. Ungestüm die Kampf- und Bewegungsspiele der Jungen, die sich vorwiegend in dem Bereich um die beiden Einfahrten vollziehen. Irgendwann aber verschwinden sie unter lautem Gezeter wieder in der Tiefe des Baues. Eine Weile sind sie noch zu hören, aber leiser werdend. Auch in den langen unterirdischen Gängen können sie ihrem Bewegungsdrang mit wilden Verfolgungsjagden freien Lauf lassen. Kommen nacheinander bald wieder herausgestürmt, um sofort aber hineinzugaloppieren. Jetzt holen sie alles das nach, wozu sie im eng begrenzten Felsbau keine Möglichkeit hatten. Bei diesem temperamentvollen Zeitvertreib der Jungen ist es unnötig, sich dem Bau vorsichtig zu nähern. Sie bekommen meine Anwesenheit erst in einer ihrer kurzen Verschnaufpausen mit, verschwinden dann sofort im Bau. Jugendliche Neugier bringt aber bald den ersten wieder nach oben, dem die beiden anderen folgen.

Ist es am Bau aber geheimnisvoll still, dann muss ich mich ihm behutsam nähern. Schweigsam ist dort jeder mit sich selbst beschäftigt. Mit kleinen Grabübungen der eine, die Tannenzapfen auf ihre Verwertbarkeit untersuchend der andere, und der dritte beweist die angeborene Sauberkeit bereits mit eigener intensiver Körperpflege. Auch so vertreibt man die Zeit des Wartens auf Diggi, wenn sie unterwegs ist.

Nur zwei, drei Nächte braucht die kleine Gesellschaft, dann haben sie sich auch an meine Anwesenheit gewöhnt. Ich gehöre einfach mit zur Umgebung des Baues. Ab und zu interessiert sich auch einer für mich, stupst und schnüffelt vorsichtig an den Stiefeln und am Rucksack herum. Sobald ich mich aber etwas mehr bewege, zieht er sich schnell wieder zurück. Diggis Rückkehr zum Bau ist der Höhepunkt für die Jungen. Stürmisch, wie damals auch in der Felshöhle, wird sie dann begrüßt. Wiedersehensfreude, vielleicht aber mehr Vorfreude auf die schon lange erwartete Milch. Sie sind dabei so aufdringlich, dass Diggi meistens im Bau verschwindet, die drei aber sofort hinter ihr her. Leider hat sie die Jungen, zumindest in meiner Anwesenheit, niemals außerhalb vom Bau gesäugt. Nur hören kann ich ab und zu davon, durch das laute Gezänk um die Zitzen, dann ist es lange Zeit still. Zwei Mal scheinen die Jungen jetzt nur noch ihre Milch zu bekommen. Abends, bevor sie den Bau verlässt, und morgens, nach Rückkehr von nächtlicher Nahrungssuche. Ist Diggi unterwegs, begeben sich die Jungen jetzt schon auf kleinere Entdeckungstouren. Immer aber in Nähe des Baues, um ihn bei Gefahr schnell erreichen zu können. Überall stoßen sie auf etwas Neues, das untersucht werden muss. Wo es am Boden anregend riecht, wird auch ein wenig gegraben. Was sie da an Wurm, Larve, Käfer und Sonstigem zufällig entdecken, wird mit der Nase kontrolliert, probiert und meistens gefressen. Es sind erste Erfahrungen für die spätere Selbsternährung. Satt werden sie von diesen Kostproben aber nicht, noch brauchen sie die Milch von Diggi. Diggi trägt den Jungen grundsätzlich keine Nahrung zu, wie zum Beispiel der Fuchs für seinen Nachwuchs. Ein paar Mal konnte ich aber beobachten, als sie frühmorgens zurück zum Bau

Rückkehr der Dächsin von nächtlicher Nahrungssuche. Neugierig empfängt das Junge Diggi. Ob die Mutter etwas Fressbares mitgebracht hat?

Überall stoßen die Jungdachse jetzt auf Neues, das untersucht werden muss, ...

... und, wenn es sein muss, wird dafür auch gegraben.

kam, dass sie zwischen die sie begrüßenden Jungen Kleinigkeiten aus dem Maul fallen ließ. Soweit erkennbar, zwei Würmchen, einen Käfer und irgendwas Pflanzliches. Vielleicht Kostproben zum Kennenlernen und Neugierwecken? Oder waren es nur Nahrungsreste von ihr, zufällig noch in ihrem Maul? Mitunter stehen die Jungen auch einmal zu dritt bei Diggi, um neugierig an ihrem leeren Maul zu riechen.

Wie in der Felshöhle, so achtet auch hier noch Diggi sehr auf Hygiene. Sie prüft gelegentlich einmal das eine, einmal das andere Junge, ob hinten etwas bevorsteht oder es bereits am Boden liegt. Von beiden Orten wird es kurzerhand aufgenommen und gefressen. Das geht auch besonders schnell, wenn zufällig alle zusammenstehen und Diggi nicht jedem einzelnen hinterherlaufen muss. Nur ganze zwei solcher kleinen Würstchen habe ich in den Wochen des Aufenthaltes der Jungen am Bau entdeckt. Wie asozial dagegen ein solcher Platz mit Jungfüchsen ist. Da wird von der Fähe nichts weggeräumt.

Übrigens bekam jetzt auch jeder der kleinen Grimbärte gleichfalls einen Namen, um sie auseinanderzuhalten. Nelly, das Weibchen, Gustl und Tom, die Männchen.

Gustl ist zwar der kleinste, dafür aber ist er überaus unternehmungslustig. Er stiftet seine Geschwister oft zu größeren Streifzügen an. Diggi hat ihn schon mehrmals mit Schnurrlauten zurückbeordert, bevor sie sich auf nächtliche Tour begibt. Sie hat es nicht gern, wenn die Jungen während ihrer Abwesenheit sich zu weit von den Sicherheit bietenden Baueingängen entfernen. Heute hat er sich wieder alleine ein ganzes Stück weiter entfernt, etwa dreißig Meter Richtung Murr. Es ist schon später Abend. Diggi hätte schon auf Tour sein müssen. Doch der weite Alleingang von Gustl ist ihr sicher nicht recht, denn sie läuft ihm lockend hinterher. Es ist wie ein Schnurren, das ich auch in der Felshöhle von ihr schon gehört habe. Hier aber ist es wesentlich lauter, vielleicht ist es eine ärgerliche Aufforderung, sofort zurückzukommen? Ich kann nicht sehen, ob er darauf überhaupt reagiert hat. Auf jeden Fall packt sie mit den Zähnen kurzerhand seitlich seinen Pelz und zieht den jetzt laut keckernden Gustl, fast im Trab, über den Boden schleifend neben sich bis zur Fichteneinfahrt mit. Autoritäre Erziehung zwecks Sicherheit. Eine überaus interessante Beobachtung. Leider kam ich mit der Kamera etwas zu spät, denn damit hatte ich ja nun überhaupt nicht gerechnet.

Die Jungen haben eben jetzt doch das Bedürfnis, sich mehr und auch weiter fortzubewegen. Aber erst im Laufe des Sommers wird Diggi ihnen wohl erlauben, sie auf den großen nächtelangen Streifzügen zu begleiten.

Zweite Maihälfte. Ziemlich pünktlich, wie beim gestrigen Abendansitz, machen leise Geräusche in der Fichteneinfahrt auf ihr Kommen aufmerksam. Nicht aber Diggi als erste, sondern Gustl, und danach Tom und Nelly. Eigentlich verstößt das gegen alle Regeln eines gesicherten Bauaustrittes, den die Dächsin immer gewährleisten sollte, gerade in dem noch frühen Alter der Jungen. Doch die Welpen, immer auf neue Entdeckungen aus, drängen oft schon am Tage nach oben, während Diggi noch Tagruhe hält. Selbst wenn sie wach ist, lassen sich die Jungen von ihr nur noch schwer bändigen. Nach kurzem Zögern begibt sich Diggi auf den schmalen, wenig belaufenen Pfad, der direkt hinunter zur großen Waldwiese führt. Es ist der Pfad, auf dem Diggi im vorigen Jahr auch die Heuballen zum Bau geschafft hat. Greifbar nahe läuft sie an mir vorbei, ohne mich zu beachten. Das bin ich schon gewohnt, ist ja auch nichts Besonderes mehr. Nur, dass die drei Jungen sofort von ihren kleinen Tätigkeiten ablassen und ihr im Gänsemarsch folgen, überrascht mich. Noch sind sie Diggi nie so spontan gefolgt. Diggi muss sie diesmal zum Mitkommen aufgefordert haben. Vielleicht mit Locktönen, wie seinerzeit bei Gustl, aber nicht so ärgerlich laut, durch bestimmte Mimik oder Körperbewegungen? Ich habe aber nichts davon mitbekommen. Möglicherweise hat Diggi noch unten im Bau die Jungen darauf vorbereitet? Ist das der erste Familienausflug? Etwas früh im Jahr für die Jungen. Schnell hinter der kleinen Karawane her. Schon in Diggis Jugendjahr war ich oft mit ihr auf dieser Waldwiese, in der sie ihre ersten größeren Regenwurmerfahrungen sammelte. Auf der Ablenkfütterung für Wildschweine, zwischen Waldrand und Wiese, entdecken sie ihre ersten Maiskörner, wissen aber noch nichts Rechtes damit anzufangen. Alles ist neu für sie und trotz Mutters Nähe sehr aufregend. Das zeigen sie auch mit ihren jetzt dicken Schwänzchen an. Durch die langen aufgestellten Deckhaare sind sie ähnlich den Bürsten, mit denen wir unsere Mostflaschen reinigen.

Die erste hohe Wiese, in der sich die Jungen bewegen. Neugierig sind sie bald einige Meter weit von Diggi auf Entdeckungstour. Finden sie aber nicht schnell genug wieder zu ihr zurück oder sind vom plötzlichen Alleinsein erschrocken, genügen ein paar kurze hohe, wie quiekende Laute, und sofort läuft Diggi im Trab zu ihnen. Hier und da wird auch nach irgendetwas gegraben, mehr ein Kratzen, doch wenig erfolgreich. Ich lasse bei jedem einen der großen Tauwürmer auf ihre Kratzstelle fallen. Man schnüffelt daran herum, zieht ihn mit einer Kralle hin und her und nimmt ihn schließlich mit den vorderen Zähnen auf. Für Gustl und Nelly ist das sofort eine Delikatesse, die auch recht schnell verschwindet. Tom aber scheint unschlüssig. Dem Geruch nach fand er den Wurm wohl appetitlich und nahm ihn auf. Im Maul aber kam er mit der langen, etwas glitschigen Beute anscheinend nicht zurecht. Mehrmals rutschte der ganze Wurm ihm aus dem Maul, sodass er ihn schließlich liegenließ. So lustig unterhaltend hab ich noch keinen Dachs auf Regenwurmjagd beobachten können. Suchend sind die drei in der hohen Wiese unterwegs. Gustl erschreckt sich auf einmal furchtbar. Er machte ganz plötzlich eine seitliche Bewegung, als ob er flüchten wollte. Nur ein Großes Heupferd an einem schwankenden Halm direkt vor ihm, das wohl gerade abspringen wollte. Er hat dann aber auch nach ihm gesucht, ohne Erfolg natürlich. Weit nach Mitternacht beendet Diggi unsere kleine Wiesendurchquerung. Jetzt habe ich von Diggi auch das sehr leise Schnurren gehört, das wohl ihren Jungen galt. Denn die versuchten, fast gleichzeitig, so schnell es das dichte Gras erlaubte, zur einige Meter entfernten Dächsin zu kommen. Ohne große Eile geht es danach zurück zum Wiesenbau. Unser erster gemeinsamer Spaziergang, aber nur klein. Bald wird Diggi aber den Jungen gestatten, sie auf ihren weiten, nächtelangen Streifzügen zu begleiten.

Bilbo zeigt sich selten am Bau. Er hat noch eine weitere kleine Röhre entdeckt, die er jetzt anscheinend für Aus- und Eintritt nutzt. Soweit ich ihn sehen konnte, war er schon immer vor Diggi unterwegs. Meine Anwesenheit hat er beim Vorbeilaufen nur mit kurzem Sichern beachtet, ohne Kontakt zu nehmen. War mir auch recht so.

Zehntes Kapitel

Streifzüge

Angenehm, die milden Nächte im Sommer, da lässt sich das oft lange Warten am Wiesenbau besonders gut ertragen. Zur Zeit aber verlassen die Dachse ihn meistens pünktlich zwischen acht und halb neun. Diggi war schon einige Nächte mit den Jungen und mir auf weiten Streifzügen durchs Hofjagen unterwegs. Wohin sie uns heute wohl führen wird?

Von der Murr oben trägt der Wind sein leises Murmeln bis hier zum Wiesenbau. Am Tag wenig zu hören, doch jetzt in nächtlicher Stille ununterbrochen, beruhigend. Ich muss dabei an den gemeinsamen Ausflug vor einiger Zeit denken, der dort oben mit einem Schlammbad von Tom und Nelly endete. Gegen drei Uhr morgens kamen wir aus dem unteren Teil der Teufelsschlucht, übrigens der bisher weiteste unserer Familienausflüge, und folgten längs der Murr zum Wiesenbau. Dort, wo der vom Köhlersgrund kommende Hauptpfad die Murr kreuzt und weiter zum Wiesenbau führt, findet meist unsere Bachdurchquerung statt. Diggi blieb dort erst einmal stehen, um Wasser zu schöpfen. Doch, wie üblich bei diesem geringen Wasserstand, nahm sie, sonst überaus wasserfreudig, wieder einmal den im Bach liegenden Baumstamm zu Hilfe, um mit trockenen Pfoten ans andere Ufer zu kommen. Auch Dachse unterliegen eben einem Stimmungswechsel. Ob die Jungen versuchen, ihr auf gleiche Weise zu folgen? Wo stecken die überhaupt? Ich lief ein ganzes Stück zurück und sah Tom und Nelly in der Murr, aber nicht im Wasser, sondern an einer sehr seichten Stelle, mehr Schlamm als Wasser. Selbst nach unserer langen, bergigen Tour tollten sie ausgelassen darin herum und wälzten sich mehrmals im Schlamm. Sicher eine erquickliche Abkühlung in einer solch milden Nacht und nach ihrem ausdauernden Galopp auf dem Rückweg. Aber ein Bad, das Dachse eigentlich gern nehmen, war das nicht. Richtiges Suhlen wie die Wildschweine demonstrierten mir da Tom und Nelly. Sitzend an der anderen Bachseite, schaute ich dem Schlammbad belustigt zu. Eigentlich doch ungewöhnlich für die so auf Sauberkeit bedachten Dachse. Aber es ist auch ein wirksames Mittel, sich dabei einiger ihrer kleinen unliebsamen „Mitbewohner" zu entledigen. Bereits in der Felshöhle hatte ich bei ihnen ja, schon ein paar dieser großen

In der Suhle. Die beiden Jungdachse vergnügen sich an einer seichten Stelle des Flusses im Schlamm – eher ungewöhlich für die Sauberkeit liebenden Dachse.

Nach dem Schlammbad. Die Pelze der beiden Jungdachse trocknen rasch, die Deckhaare werden aufgerichtet, und die Dachse wuchsen so auf das Doppelte ihrer nassen Größe an.

Flöhe entdeckt. Längere Zeit tummeln sich die beiden im wässerig-schlammigen Grund. Wieder am Ufer, schüttelten sie erst einmal kräftig ihre schmutzig-nassen Pelze, um dann aber wie aufgezogen umherzugaloppieren. Sie jagten sich gegenseitig am Ufer hin und her, waren so ausgelassen, dass sie mehrmals meine Beine übersprangen, mit dem Resultat, dass sich auch auf mir und der Kamera Spuren ihres Bades fanden. Durch das schnelle Hin- und Herlaufen sowie häufige Schütteln wurden die Pelze erstaunlich schnell wieder trocken und sauber. Die langen Deckhaare begannen sich aufzurichten, beide wuchsen auf das Doppelte ihrer nassen Größe an. Das alles hatte sie untereinander in so übermütige Stimmung versetzt, dass daraus bald friedliches Kämpfen wurde. Vergnüglich, die halbe Stunde, die Tom und Nelly mir da geboten haben. Von Gustl hatte ich die ganze Zeit nichts mehr gesehen, er muss wohl gleich Diggi zum Bau gefolgt sein.

Ich breche meine Rückschau ab, denn unten in der Heckeneinfahrt tut sich jetzt was. Ob sie mich heute auch wieder so begrüßen, wie nach ihrem gestrigen Austritt? Der Grund waren allerdings die Weintrauben in meiner Tasche. Auch heute hab ich eine Handvoll dabei, um sie damit nochmals für solch eine Begrüßung zu animieren, die ich einmal im Bild festhalten möchte. Die Kamera steht ein paar Schritte von meinem Sitzplatz entfernt. Es ist soweit. Diggis Kopf erscheint in der Heckeneinfahrt, sie sichert kurz, tritt heraus und kommt zielstrebig auf mich zu. Hinter ihr Nelly, Gustl und mit Abstand Tom. Nelly biegt aber sofort ab und verschwindet im Trab auf dem kleinen Pfad, der hinunter zur Waldwiese führt. Dort am Waldrand liegt ja der zum Wiesenbau gehörende alte Kloplatz. Auch über diese Abstecher der einzelnen Baubewohner nach ihrem Bauaustritt bin ich mittlerweile gut informiert. Gustl und Tom aber sind auch auf dem Weg zu mir. Hat mich Diggi gestern noch ganz gelassen schnuppernd begrüßt, nimmt sie sich heute sofort und bestimmend die Manteltasche mit den Weintrauben vor. Sie kann, auch jetzt noch, bei einem Verbot sehr unleidlich werden. Also rasch ein paar Trauben für sie hinter mir auf den Boden geworfen.

Gustl, der sich gerade mit meinen Schuhsohlen beschäftigt, ist das aber nicht entgangen. Ein Satz auf den Schoß, mit den Krallen weiter nach oben, und schon hat er aus der zweiten Portion für Diggi einige Trauben herausgerissen. Nachdem alle Trauben gerecht verteilt sind, muss ich schnell aufstehen, denn Diggi sucht wieder recht rabiat in der noch nach Trauben duftenden Tasche. Ein stürmischer Beginn heute Nacht, ich hoffe, unser Streifzug wird etwas ruhiger. Noch bin ich am Suchen der Fernbedienung der Kamera, die bei dem Tumult runtergefallen ist, da sehe ich so halb aus dem Augenwinkel, nur wenige Meter hinter mir, in der dunklen Heckeneinfahrt etwas unbeweglich Helles. Ein schneller Blick – Bilbo. So spät heute, wo er doch sonst immer der Erste ist? Sicher herrscht schon Wochen zwischen uns friedliches Nebeneinander. Aber seine Allüren kommen schon einmal wie aus dem Nichts, noch dazu, wenn er so starr zu mir herüberblickt wie jetzt. Er wird durch Gustl und Tom, die zu ihm hinlaufen, aber abgelenkt. Ohne groß auf die beiden einzugehen, verlässt er zügig unsere Runde.

Diggi begibt sich nun auf den Hauptpfad in Richtung Köhlersgrund und Teufelsschlucht. Wir drei, Tom, Gustl und ich, im Gänsemarsch hinterher. Nelly wird sich auch bald einfinden, denn keiner der Jungen geht noch allein auf Nahrungssuche. Die Murr, spärlich gefüllt, wird von allen zügig durchlaufen. Ich nehme, wie seinerzeit auch Diggi, den in Bachmitte liegenden Baumstamm zu Hilfe. Bevor der Fichtenwald beginnt, der einen großen Teil des westlichen Höhenzuges bedeckt, verlässt Diggi den Hauptpfad und führt uns durch den Buchenwald. Er bietet doch mehr Nahrung als oben die eintönigen, alten Fichtenbestände. Nelly hat sich wieder eingefunden. Diggi erklimmt einen vom Sturm frisch gefällten Buchenstamm, auf dem sie, mit der Nase suchend, entlangbalanciert. Nelly hinter ihr her. Die Rüden laufen neben dem Stamm mit, aber neugierig zur Dächsin aufblickend. Was für sie wohl zur Nahrungsfindung auf dem Stamm da interessant ist? Ich entdecke nichts, sie aber vielleicht irgendeine verlockende Duftspur? Sie macht die Jungen jetzt eben auf diesen Nahrungslehrgängen nicht nur auf größere ergiebige Nahrung aufmerksam. In ihrer bedächtig suchenden Art zeigt sie ihnen überall kleine mögliche Nahrungsquellen.
Wir sind wieder auf dem Hauptpfad unterwegs. Auf halber Höhe teilt er sich, links zur Teufelsschlucht und gerade hinauf zum Köhlersgrund. Am Abzweig bleibt Diggi stehen, die Nase kurz am Boden, und entscheidet sich für den Köhlersgrund. Erfreulich für mich, liegt dort doch das Plateau mit der großen Grenzstelle. Wie werden sich dort die Jungen an der Vielzahl von Duftinformationen des noch fremden Artgenossen Max verhalten? Sicher ist die Grenzstelle selbst für Diggi jetzt nicht das Ziel. Die Jungen mit ergiebigen Nahrungsgründen bekanntzumachen, ist auf gemeinsamen Streifzügen viel wichtiger. Vermutlich will sie ihnen den Mais im „Weidegang“ zeigen. Wir werden sehen, was sie vorhat.

Fressen, Fressen, Fressen. Immer sind die Dachse jetzt, im Sommer, auf der Suche nach Nahrhaftem unterwegs. Die Dachsfähe zeigt den Jungen, wo die Suche lohnt.

Auf der Höhe vom Köhlersgrund verläuft der Pfad wieder eben, nur vereinzelt liegt noch größeres Felsgestein herum. Je länger wir unterwegs sind, umso selbstsicherer werden auch die Jungen. Jeder ist jetzt ganz allein mit sich beschäftigt. Sie achten weniger auf Diggi, bleiben häufig auch etwas zurück, um irgendwo genießbare Entdeckungen zu machen. So lernen sie auch die wechselnden Gegebenheiten des Waldes kennen, wo sie mit Geduld selbst immer eine Kleinigkeit finden. Schließlich müssen sie sich jetzt allein ernähren. Langsam nähern wir uns dem Grenzplateau. Hier auf dem Hauptpfad, in Nähe der großen Grenzstelle, ist oft auch Max unterwegs. Sollte er auch heute schon hiergewesen sein? Denn Gustl und Nelly haben ganz plötzlich ihr Suchen abgebrochen und im Galopp zur vorauslaufenden Diggi aufgeschlossen. In sicherer Nähe zu ihr folgen sie nun auch dem Pfad, die Nasen, wie Diggi, ständig schnüffelnd dicht am Boden. Kein Zweifel, Max war in dieser Nacht hier bereits unterwegs. Die noch frische Duftspur eines noch fremden älteren Artgenossen hat Gustl und Nelly natürlich erst einmal verunsichert. Da ist es beruhigend, die Mutter neben sich zu wissen, noch dazu in einer für sie fremden Umgebung. Wo aber ist Tom? Ein ganzes Stück muss ich zurücklaufen, um ihn dann in einer Mulde, weit vom Pfad entfernt, ausfindig zu machen. Mit einem alten Schneckenhaus ist er beschäftigt. Dauernd rollt er es mit den Krallen hin und her, um an der Öffnung riechen zu können. Ist doch etwas Anregendes drin, oder hat das anscheinend leere Gehäuse nur seine Neugier geweckt? Das ist eben das besonnene ausdauernde Suchen und Sammeln, das die Dachse auszeichnet. Tom scheint in dieser Hinsicht schon weiter als seine Geschwister zu sein. Wenn ich aber an seinen Regenwurm in der Waldwiese denke, sind doch Zweifel angesagt.

Das Grenzplateau, auch höchster Punkt im Köhlersgrund, ist geschafft. Von hier verläuft der Hauptpfad weiter durch die Schlucht, in der einst Baumstämme transportiert wurden, hinunter zur Bachweide. Dort beginnt auch das Maisfeld „Am Weidegang". Ich bin mir sicher, dass Diggi auch dorthin will. Oben auf dem Plateau führt, nur wenige Schritt weit, der Hauptpfad auch an der großen Grenzstelle vorbei. An so einem wichtigen Ort im Territorium läuft auch Diggi nicht gleichgültig vorbei. Der hier besonders intensive Geruch von fremden Artgenossen und deren Duftbotschaften versetzt die Jungen sicher in gewisse Spannung. Neugierig bewegen sie sich langsam auf der Grenzstelle und halten in viele Markierungsgruben lange und tief ihre Nase. Vielleicht das erste Mal, dass sie mit Duftnachrichten von Max in Berührung kommen. Über sie erfahren sie mehr als über seine Duftspuren auf dem Pfad. Ob sie die Duftnachrichten im Einzelnen aber schon entschlüsseln können? Vielleicht sind dazu noch bestimmte Erfahrungen nötig? Auf jeden Fall hat keines der Jungen auf der Grenzstelle eine eigene Markierungsgrube angelegt. Warum auch, sie haben ja noch keinen eigenen Besitz. Aber ihren Stempel haben alle drei mehrmals zwischen den vorhandenen Markierungsgruben hinterlassen. Vielleicht nur als Hinweis: „Wir waren auch schon hier!" Diggi hat ebenfalls zwei- oder dreimal gestempelt.

Gegen vierundzwanzig Uhr verlässt Diggi die Grenzstelle. Die Jungen schließen sofort auf, und dem Pfad folgend geht es im Gänsemarsch durch die Schlucht, hinunter zur Bachweide. Nach meinem, mehrfach korrigierten, Grenzstellenplan müssten wir schon ein ganzes Stück im Territorium der benachbarten Hangbaudachse sein. Ob es nach der Auseinandersetzung zwischen Bilbo und Max im vergangenen Jahr hier unten nochmals größeren Ärger zwischen den beiden gegeben hat, ist mir nicht bekannt. Auf dem Bachweidenpfad, der am Waldrand entlangläuft, sind alle damit beschäftigt, den Boden konzentriert auf Gerüche hin zu untersuchen. Hier wechseln häufig die Hangbaudachse entlang, wenn sie zur Bachweide oder weiter zur Priesterhöhe unterwegs sind. Zwischendurch setzen Diggi und Gustl mehrmals stempelnd

Mütterliche Lehrstunde. Diggi zeigt ihren Dachskindern Nelly und Gustl wieder einmal, wo sich die Nahrungssuche lohnt, ...

... während Tom, der dritte im Bunde, zurückbleibt und sich mit einem leeren Schneckenhaus beschäftigt.

ihre Markierung ab, um sich später daran zu orientieren? Oder sind sie, hier im Besitz des Nachbarn, so etwas wie Beschwichtigung oder Begrüßung? Wer weiß, es ist und bleibt eines ihrer Geheimnisse. Die Kommunikation zwischen Dachsen über Duftstoffe ist so vielseitig, wahre Weltmeister sind sie darin.

Diggi ist bereits unterwegs zum Maisfeld. Es wird auch Zeit für alle, denn was sie bisher so an Fressbarem fanden, war beileibe nicht viel. Am Rand des Fahrweges, nicht weit vom Feld, werde ich in der Wiese auf ruckartige Bewegungen eines Erdkrötenweibchens aufmerksam. Sie müht sich mit einem der großen Tauwürmer, den sie gefangen hat, ab. Im Grunde eine zu lange Beute für sie. Deshalb versucht sie, den Wurm mit regelrechten „Maulstößen" auf dem Boden Stück für Stück in ihren Schlund zu drücken. Eine anstrengende, vor allem zeitaufwendige Nahrungsaufnahme. Einmal schauen, wie lange sie dazu braucht. Die Dachse sind ohnehin in der Wiese unterwegs. Diggi, ein paar Meter entfernt, schickt sich plötzlich an, zu mir zu kommen. Ich gehe ihr entgegen, damit sie nicht der Kröte begegnet. Sie aber schnell an mir vorbei, und die Kröte wird doch zur Zufallsbeute. Noch mit dem Regenwurm im Maul, legt sie diese auf dem asphaltierten Fahrweg ab. Kurz danach tauchen auch Gustl und Nelly, galoppierend aus der Wiese kommend, bei Diggi und mir auf. Eine fürsorgliche Fähe, denke ich mir noch so dabei. Doch keiner der beiden zeigt Verlangen danach. Gustl zwar neugierig dem sonderlichen Angebot gegenüber, dabei bleibt es aber auch. Und Nelly? Seit die beiden hier aufgetaucht sind, orientiert sie sich längere Zeit schon, dem Fahrweg folgend, in Richtung Dorf. Hat sie von etwas Wind bekommen oder ungewöhnliche Geräusche gehört? Ohne mein Fernlicht muss ich mich etwas anstrengen, sehe dann aber auch die helle Kopfmaske eines Dachses *(siehe Pfeil auf dem Bild unten)*. Das kann nur Max sein, der uns, zwanzig bis dreißig Meter weit entfernt, vielleicht schon einige Zeit aufmerksam beobachtet. Jetzt ist auch klar, warum die beiden so rasch die Nähe von Diggi suchten. Nicht der erbeuteten Erdkröte wegen, sondern wegen dem plötzlich anwesenden fremden Artgenossen da draußen. Diggi hatte sich nur kurz zu Max hingewandt, war in der Zwischenzeit ja auch mit der Erdkröte befasst, die sie dann doch selbst schmatzend fraß.

Eine ähnliche Situation wie im vergangenen Jahr. Auch aus dieser Richtung kam Max damals galoppierend den Fahrweg entlang, an mir vorbei, in den Wald, und dann Bilbos Schrei. Heute aber passiert nichts. Befreundete Nachbarn besuchen sich in diesen Monaten oft auch gegenseitig in ihren Territorien. Sekunden steht er noch abwartend ruhig, dann verschwindet er im Moosholz, nicht weit von seinem Hangbau. Es ist immer wieder faszinierend, Zeuge solcher zufälliger Begegnungen zu sein, auch wenn sie ganz unspektakulär verlaufen.

Langsam begebe ich mich durch die Wiese hinüber zum Mais. Diggi ist mit Gustl und Nelly noch irgendwo in der Wiese unterwegs. Tom habe ich schon längere Zeit nicht mehr gesehen, aber das kenne ich ja bereits. Galoppierend wird er bald wieder bei uns auftauchen. Wie von Claus versprochen, hat er nur den größeren Teil des Maisfeldes mit einem doppelt verlegten Elektodraht gegen Wildschweine gesichert, die anhängende kleine Maisparzelle aber drahtlos gelassen. „Eine Spende für deine Sippe", wie er damals spitzbübisch sagte. Hoffentlich halten sich auch die Wildschweine daran. Diggi, schon mit Drahterfahrungen aus den vergangenen Jahren, nähert sich mit den Jungen, auch Tom ist wieder dabei, dem geschützten Maisfeld. Am Draht stehend, macht sie plötzlich einen kleinen Ruck rückwärts. Hat sie mit der feuchten Nase den Draht berührt? Einen Schrecklaut habe ich jedenfalls nicht gehört. Sie schüttelte sich nur, läuft weiter an den beiden gespannten Drähten entlang. Macht auch mehr-

In Nachbars Garten. Während die Dachse vom Wiesenbau mit einem Erdkrötenweibchen beschäftigt sind, schiebt sich der Revierinhaber Max rechts hinten ins Bild. Diesmal aber verlief das Zusammentreffen friedlich.

mals den Versuch, sich unter dem zweiten Draht durchzudrücken. Dann aber kommt sie an das kleine drahtlose Maisfeld und ist unter dem dichten Blätterwald verschwunden. Man spürt doch ihre langjährige Erfahrung. Die Jungen, die ihr zum Draht gefolgt sind, hat sie vor diesem Hindernis nicht gewarnt, soweit reicht ihre Intelligenz, oder wie man es nennen mag, nicht. Diese Erfahrungen müssen die Jungen schon selbst machen. Tom ist den beiden anderen voraus und will sich auch durch die beide Drähte drücken. Ob er mit der feuchten Nasenspitze an einen der Drähte gekommen ist, konnte ich leider nicht sehen, ich war noch zu weit weg. Auf jeden Fall ein markerschütternder Schrei, sicher nur aus Schreck, aber nicht weniger laut, wie damals von Bilbo, als er von Max gepackt wurde. Die Drahtspannung ist ja für grobe Wildschweine ausgelegt, aber nicht für empfindliche feuchte Dachsnasen. Galoppierend rennt Tom danach durch die Wiese, als wolle er vor etwas Drohendem davonlaufen. Diggi ist nach dem Schrei von Tom zwischen den Maispflanzen sofort aufgetaucht, bleibt einen Moment sichernd stehen, verschwindet dann aber wieder. Auch Nelly und Gustl hat der Schrecklaut von Tom wohl in große Furcht versetzt, denn sie waren sofort im Galopp zu Diggi unterwegs. Großes Entsetzen unter den Jungen. Nur Diggi bleibt, wie sich zeigt, ganz entspannt. Bald aber ist die ganze Gesellschaft unaufgeregt wieder vereint und verschwindet nun im drahtlosen Maisfeld. Nur das Rascheln der Blätter und Knacken von Maisstängeln deutet auf ihre Anwesenheit hin.

Ich drücke mich durch die dichtstehenden Pflanzen, um auch etwas von ihrer Maisernte mitzubekommen. Im dichten Gewühl der Blätter und Stängel ist aber nichts Genaues zu erkennen. Deshalb locke ich Diggi mit einem gepflückten Maiskolben nach außen, um sie beim Öffnen des Kolbens besser beobachten zu können. Tom ist uns gefolgt und steht neugierig beobachtend neben ihr. Er, der sonst schon viel als Nahrung suchender Einzelgänger unterwegs war, hat nach seinem spürbaren Erlebnis vorerst wohl kein Verlangen danach. Diggi reißt mit den Grabkrallen die äußeren Hüllblätter auf und löst mit den vorderen Schneidezähnen einzelne Körner aus den Grundkolben. Bis auf wenige Reste hat sie ihn entkörnt, an denen sich nun Tom zu schaffen macht. Ich folge Diggi wieder in den Mais. An einer kräftigen Pflanze stellt sie sich, wie damals an ihrem Jubiläumsei, senkrecht auf, um oben an den Maiskolben zu kommen. Dabei stützt sie sich mit beiden Vorderpfoten an dem dicken Stängel ab. Aus Abstützen wird ungewolltes Drücken, und die Maispflanze knickt langsam um. So wird bei den Dachsen also der Mais geerntet! Die Jungen werden das auch bald lernen, der Zufall wird ihnen dabei helfen. Jetzt sind sie erst einmal dabei, das ganze Maisfeld zu erkunden. Am Boden liegende Maiskörner und Kolbenreste interessieren sie vorerst noch wenig. Eine ganze Weile folge ich ihnen durch den raschelnden Blätterwald. Aber die Hoffnung, einem ersten Versuch des Erntens beiwohnen zu können, erfüllt mir keiner von ihnen.

Schon zwei Uhr ist es. Wie rasch doch die Stunden mit meinen nächtlichen Gefährten vergehen! Es ist Zeit für den Heimweg. Die beiden letzten Nächte waren anstrengend genug für mich. Bis zum frühen Morgen war ich mit ihnen da unterwegs. Über den kleinen Birschpfad, zwischen Wald und den ans Feld grenzenden Heckenstreifen, geht es Richtung Bachweide. Wir kommen auch an der Stelle vorbei, wo Bilbo seinen ersten Kampf mit Max ausgetragen hat. Das bringt mich auf die Idee, im Dorf wieder einmal für etwas Heiterkeit zu sorgen. Ich werde Claus den Vorschlag machen, hier ein Schild aufzustellen, mit dem kurzen Hinweis auf einen an diesem Ort stattgefundenen ungewöhnlichen Kampf zur mitternächtlichen Stunde. Lächelnd stelle ich mir schon einmal die verdutzten Gesichter der von Claus und mir nicht eingeweihten Dorfbewohner vor, wenn fremde Wanderer von ihnen mehr darüber wissen wollen.

Ein kurzer Blick zurück über den Pfad. Noch sind keine Dachse zu sehen. Hoffentlich räumen sie nicht zu sehr das kleine drahtlose Maisfeld auf. Aber in der langen Hecke, gleich neben dem Pfad, bewegt sich jetzt einer. Selbst für die starke Lampe und das Nachtglas zu weit, um zu erkennen, wer es ist. Also nur noch einmal kurz zurück, vielleicht steckt der Familienrest ja auch dort drin. Nur Tom ist es. Er hat sich von der Familie wieder abgesetzt und ist, wie schon oft, als Einzelgänger auf Nahrungssuche. Auch Gustl und Nelly werden dabei bald alleine unterwegs sein. Vielleicht steckt Tom aber noch immer der Schreck mit dem Draht so sehr in den Gliedern, dass er das Maisfeld vorerst meidet und lieber nach Heckenfrüchten sucht.

Ab der ersten Oktoberhälfte gibt es keine gemeinsamen Familienausflüge mehr. Jeder streift jetzt allein durchs Hofjagen. Nur Gustl folgte Diggi noch einige Nächte. Mit dem Selbstständigwerden der Jungen werden sie mir gegenüber auch zunehmend scheuer, sodass ich ihnen nicht mehr direkt folgen kann. Deshalb beschränke ich mich bei ihnen meistens auf Ansitze am Wiesenbau. Diggi und Bilbo sind mir gegenüber aber noch ganz die Alten. Gelegentlich bin ich noch mit ihr, seltener einmal mit ihm unterwegs. Er ist auch mehr auf etwas Distanz zu mir bedacht, finde ich auch recht angenehm.

Im Dezember setzt erster kräftiger Schneefall ein, der das Land in wenigen Tagen mit blendend dickem Weiß überzieht. Noch ist der eine und andere aus dem Wiesenbau, wie auch frische Spuren zeigen, noch im Revier unterwegs. Die immer milder und kürzer werdenden Winter haben eben auch Einfluss auf die Winterruhe der Dachse. Sie beginnen oft später damit, wenn überhaupt, und halten sie auch nicht mehr so lang. Erst als das Thermometer unter –3 Grad fällt, herrscht am Wiesenbau völlige Ruhe. Tief verschneit liegen Hecken- und Fichteneinfahrt, und das schon über Tage unbefleckte Weiß gibt mir die Gewissheit, dass sich meine fünf Dachse nun endlich zur Winterruhe begeben haben.

Dezember im Wiesenbau. Unberührt liegt die Einfahrt. Die fünf Dachse haben sich zur Winterruhe begeben.

Elftes Kapitel

Doch dann kam alles ganz anders

Mitte Februar des folgenden Jahres verlassen die Jungen nacheinander den Wiesenbau und das Hofjagen. Irgendwo in der Nähe oder auch weiter weg wird sich jeder eine Partnerin und ein eigenes Territorium suchen. Diggi und Bilbo bewohnen weiterhin den Wiesenbau. Damit hat sich meine stille Hoffnung an eine Großfamilie im Hofjagen leider auch verflüchtigt. Das Abwandern der Jungen aus dem Revier aber ist ein ganz natürlicher Vorgang, mit dem wir auch rechnen mussten. Was aber Tage später in der Nähe des Hofjagens geschah, das trifft uns unerwartet und schwer.

Am achten März ruft mich Claus frühmorgens zu noch nachtschlafender Zeit aufgeregt an. Auf der kleinen Landstraße zwischen seinen Revieren, die von der Moosholzhöhe hinunter ins Dorf führt, würde ein toter Dachs liegen, von einem Auto angefahren. Er hätte ihn, wie gesehen, liegengelassen. Ich solle doch schnell kommen, er würde warten. Minuten nach dem Anruf knie ich bereits neben dem toten Grimbart. Mein Magen beginnt sich zu melden – ein Rüde, in Bilbos Größe. Der Brustkasten weit aufgerissen, das halbe Gebiss zerschlagen. Hinweise auf die hohe Geschwindigkeit des Autos, und das an völlig unübersichtlicher Stelle der kleinen Landstraße. Auf diese Weise fallen in Deutschland jährlich 16.000 bis 18.000 Dachse der Straße zum Opfer. Keine auffälligen Merkmale sonst an dem toten Dachs, auch Bilbo hatte keine. Max dagegen hatte größere alte Kampfnarben an Kopf und Brust, ist auch um Jahre älter, er ist es jedenfalls nicht. Stutzig macht mich, dass er wohl aus dem Hofjagen kommend unterwegs war, kann aber durch das Auto herumgeschleudert worden sein. Noch ist nichts bewiesen, doch drängt sich uns ein mehr als ungutes Gefühl auf. Auf jeden Fall bekommt auch dieser Dachs seinen letzten Platz im Forsthausgrundstück, neben bereits zwei meiner dem Autoverkehr zum Opfer gefallenen.

Ein bedrückendes Gefühl liegt den ganzen Tag wie lähmend auf der Familie. Gleich am Abend sitze ich am Wiesenbau, um uns Gewissheit zu verschaffen. Zur üblichen Zeit verlässt ihn Diggi, aber kein Bilbo, auch Stunden später nicht. Zwei weitere abendliche Ansitze – das gleiche Bild. Unsere letzten kleinen Hoffnungen sind ausgelöscht. Im Stillen hatte wohl jeder bereits damit gerechnet. Dennoch, eine fast so schmerzliche Zeit, wie wenn einer unserer lieben Hunde gegangen ist.

Nun hat Diggi nicht nur ihre Jungen, das aber ist normal, sondern auch ihren Partner verloren. Meine Frau findet Diggis Alleinsein gar nicht so gut. Verweist sie doch auf ihr einstiges geselliges Leben im Forsthaus. Sie hängt ja auch ganz besonders an ihr. War sie doch in der wichtigen Prägungsphase von Diggi die von ihr anerkannte Ersatzmutter. So kommt meine Frau schnell mit dem Vorschlag, Diggi doch wieder vorübergehend ins vertraute Forsthaus zu holen. Anfangs bin ich dagegen, lasse mich dann aber doch zu einem Versuch überreden. Dass Diggi mir noch freiwillig ins Forsthaus folgen wird, ist keinesfalls anzunehmen. Also die Kastenfalle ins Auto und hinaus zum Wiesenbau. Bestückt mit Leckereien, geht sie auch sogleich beim ersten Bauaustritt hinein und verhält sich auch ganz ruhig. Um zu sehen, wie sie sich verhält, erst einmal ins Gehege mit ihr. Es wird eine sehr unruhige Nacht, in deren Verlauf sie stundenlang am Welldrahtgitter kratzt und tiefe Löcher im Außengehege gräbt. Meine Frau sieht jetzt ein, dass Diggi, nun schon über zwei Jahre frei in der Wildbahn lebend, ein Zurück in die menschliche Kinderstube nicht mehr akzeptieren wird, selbst bei noch völliger Vertrautheit uns gegenüber. Gleich am Abend mit ihr wieder zum Wiesenbau. Vielleicht wegen unserer Kurzschlusshandlung verlässt nach zwei Nächten auch Diggi den Wiesenbau und wurde nicht mehr gesehen. Auch Quinze konnte sie weder im Hofjagen noch in den angrenzenden Nachbarrevieren mehr aufspüren. Damit gehört unser kleines Dachsabenteuer nun endgültig der Vergangenheit an. Besonders traurig war die Trennung von Diggi. Aber das ist meistens der

Werdegang von handaufgezogenen und wieder in die Freiheit entlassenen Wildtieren. Wir aber sind dankbar für die vier Jahre, in denen wir den überaus vertrauten Kontakt von Diggi und Bilbo im Forsthof und später frei lebend in der Wildbahn erleben durften. Sie schenkten uns unendlich viele unterhaltende, aufregende, aber auch anstrengende Stunden. Wertvoll war aber die gemeinsame nächtliche Zeit mit ihnen in freier Wildbahn, in der wir unser Wissen über ihre Lebensweise um manches noch Unbekannte bereichern konnten ...

Ende

BILDBÄNDE

Gams – Bilder aus den Bergen

Von G. Greßmann, V. Grünschachner-Berger, T. Kranabitl und H. Zeiler.
160 Seiten, mehr als 200 Farbfotos.
Preis: 49,– Euro

Einzigartige Fotos, gepaart mit kurzen klaren Texten, gewähren spannende, oft auch überraschende Einblicke in das Leben der Gams.

Steinwild – Mythos der Berge

Von Gunther Greßmann.
192 Seiten, mehr als 300 Farbfotos.
Preis: 49,– Euro

Sagenhafte Bilder von einem sagenhaften Fotografen von einem sagenumwobenen Tier. Bilder, die man noch nie gesehen hat. Und auch nie sehen wird. Außer in diesem Buch.

Auerwild – Die Hahnen vom Rosenkogel

Von Helmut Fladenhofer.
160 Seiten, mehr als 250 Farbfotos.
Preis: 49,– Euro

Der legendäre Hahnenförster vom steirischen Rosenkogel legt seine Foto-Archive offen und zeigt das Auerwild von seinen besten Seiten.

Österreichischer Jagd- und Fischerei-Verlag
1080 Wien, Wickenburggasse 3
Tel. +43/1/405 16 36, Fax +43/1/405 16 36/59
E-Mail: verlag@jagd.at
Internet: www.jagd.at